数字に強い人のすごい考え方

話題の達人倶楽部[編]

青春出版社

数字に強い人のモノの考え方がわかる本！

仕事はもちろん、スポーツを楽しんだり、旅行に行ったりするときでも「数字」に出くわさない日はない。

たとえば、新たな仕事に必要な「のべ人数」をはじき出したり、回転寿司をおごるときの勘定を人知れず目算するとか、高速道路のサービスエリアに着くまでの時間をサッと計算したり…と、とっさに頭が働くだろうか。

本書は毎日の暮らしのなかで、そんなさまざまな数字と向き合うような局面で「数字に強い人」が実践している考え方や計算のしかた、法則、数字の雑学などを集めてみた。カシコく「数字」とつきあっていくためのコツとテクニックが満載だ。

学生のころ、算数が嫌いだった、数学が苦手だった…、いまでも数字が出てくるのはちょっと…という人にこそ手にとってほしい、最短の時間でめっぽう数字に強くなる一冊である。

２０２３年11月

話題の達人倶楽部

数字に強い人のすごい考え方◉もくじ

1章 〝数字センス〟が身につくと、毎日はもっと楽しい 13

2章 できるビジネスパーソンの数字の法則 55

3章 知っているだけでなにかと得する「お金」の数字　79

4章 意外と大人が答えられない数字のキホン

5章 起きてから寝るまで、物事はまず数字で考えよ 139

編集協力＊田中幸一
ＤＴＰ＊フジマックオフィス
制作＊新井イッセー事務所

1章

"数字センス"が身につくと、毎日はもっと楽しい

This Book Has All the Arithmetic
You Need to Know as an Adult!!

キリよくまとめてアバウトに把握するブロック式計算術

毎日の買い物には計画性が欠かせない。思いつくままに商品をかごに入れていたら、いったいいくらになるのかわからなくなってしまう。

昨今では客のスマートフォンを利用して、買い物をしながら会計をするなど、スーパーはどんどん便利になっているとはいえ、すべての店に普及しているわけではない。

そこで試したいのが、「ブロック式計算術」だ。この計算術のポイントは、キリのいい金額ごとにまとめていくことだ。

卵1パック280円、牛乳1本233円、納豆128円、食パン1袋262円、合いびき肉480円、ヨーグルト130円がかごに入っているとしよう。これを100円、500円、1000円といったかたまりにざっくりとまとめてみる。

牛乳＋食パン＝495円≒500円

卵＋納豆＋合いびき肉＋ヨーグルト＝1018円≒1000円

この計算で500＋1000で約1500円の商品がかごに入っていることが把握できる。

とくにスーパーなどの食料品や日用品を扱う小売店では、一の位がゼロにならない半端な数の値付けが多いので、いちいち正確に暗算していたら途中で混乱してしまう。

最低でも100円単位でだいたいの計算ができていれば、およその金額を頭に置きながら買い物ができるだろう。

テストの答えを出すのとは違って、使い勝手がいいようにアバウトな感覚で数字を使えると、日々の生活はぐっと効率的になる。

ブロック式計算術は、毎日の買い物だけでなく、幅広く応用できるので覚えておきたい。

リトルの公式を使えば、長蛇の列にも見通しがつく

ＳＮＳなどで情報が発信されるおしゃれなカフェやレストランは、ランチタイムともなれば客が殺到して行列ができる。整理券を配布しておよその待ち時間を知らせてくれる店もあるが、店の外に並んで待つシステムの店も多い。

美味しいものが食べられるなら長時間待つことも苦にならないかもしれないが、できれば時間の見通しが立つと嬉しいというのが本音だろう。

そこで役に立つのが「リトルの公式」という計算式だ。アメリカのマサチューセッツ工科大学のジョン・リトル教授が証明した公式で、行列に並ぶ時間を割り出せるという。具体的には、

待ち時間（分）＝自分の前に並んでいる人数÷自分の到着後1分間に並んだ人数

というものである。たとえば、到着したときにはすでに20人並んでいた。その後、1分間で自分の後ろに2人が並んだ。それを式にすると、待ち時間＝20÷2＝10と

なり、待ち時間が10分という答えが出る。10分待てば店内に案内されるという見通しが立つわけだ。

ただし、リトルの公式が成り立つためには、行列の長さがだいたい一定を保っていることが重要な要件となる。

この公式は店側にも利用価値があり、店内の利用時間に一定の制限をかけることで回転率をコントロールすれば、理論上は待ち時間が極端に増減しないようにできる。毎週末に大行列ができる店でも、来店客の満足度を下げるリスクを減らせるはずだ。

客側、店側どちらにとっても利用価値があるのがリトルの公式なのである。

素早く正確な計算は、「分解」のしかたがカギになる

細かい数字の計算を驚くほど短時間で暗算できる人がいる。頭の中に電卓が入っているのかと思うほどだが、じつは一般の人でもちょっとしたコツを覚えれば計算

のスピードを上げることができる。

現金で買い物をすると仮定して、おつりがいくらになるか考えてみよう。手持ちの10000円札を使って、税込3589円の商品を買う計算をする。

暗算で計算する場合、間違えやすいのは繰り下がりがあるためである。その繰り下がりの計算を避けるために、10000円を「9999円＋1円」に分けて考える。

9は1桁の整数の中で一番大きな数なので、繰り下がりが発生しない。9999－3589なら暗算で簡単に行うことができる。9999－3589＝6410となり、それに1を足せば6411だ。つまり10000円で3589円のものを買ったお釣りは6411円ということが簡単に暗算できる。

足し算の繰り上がりについても、可能な限り簡単に計算できるようにキリのいい数字に分解して考えてみる。

9700＋4357を計算してみよう。まず、9700を「10000－300」と置きかえる。すると、10000＋4357で14357、そこから300を引いて14057になる。

すべて暗算で簡単にできて、計算の間違いも起きにくい。繰り下がりも繰り上がりも、キリのいい数を含んだ分解ができれば素早く正確に計算できるのである。

地図上の距離を測るなら「1円玉」は必須アイテム

はじめての場所を歩くときは、地図が役に立つ。スマートフォンがあればグーグルナビなどで道案内できるのが便利だ。しかし、電波の届かない場所や周囲の位置関係を見ながら地図を使いたい場合、紙の地図もまだまだ利用価値が高い。

紙の地図を見るときに、現在地から目的地までどれくらいの距離があるのか知りたければ、地図に記載してある縮尺を元に計算すればいい。地図上の1㎝がどれくらいの距離を表すかが縮尺だ。

地図上で2つの地点の距離が何センチになるかを測って、それに縮尺をかければ実際の距離がわかるのだが、手元に定規がない場合に役に立つのが1円玉だ。1円玉の直径は2㎝といううたいへんキリのいい数値なのである。

縮尺が2万分の1の地図なら、1㎝は20000㎝を表す。1円玉1個分の実際の距離は20000×2㎝で40000㎝だ。

1円玉を地図に置いてみて、目的地まで4個分なら40000×4、つまり160000㎝で1・6㎞だとわかる。

定規をいつも携帯している人は少ないかもしれないが、小銭入れの中を探せば1円玉がひとつくらい入っているものだ。ほかの硬貨は直径が中途半端なので、地図上の距離を測るのには使えない。

1円を笑う者は1円に泣くというが、小さな1円玉が大きな役割を果たすのである。

池の中の魚の数を正確に予測する方法

魚が大量に泳いでいるいけすが目の前にあるとする。「この中に何匹の魚がいるか数えてみてください」と言われたら、いったいどうすればいいのだろうか。

ネックになるのが、魚は動いてしまううえに見分けがつかないことだ。そのため、一匹ずつ数え上げていては正確な数は出せないが、工夫すればおよその数を出すことができる。

まず、いけすの周囲の何か所かで魚を網ですくう。仮に50匹すくったとして、そのすべてに目印をつけてもう一度いけすに戻す。

戻した魚たちがいけす全体に広がったころを見計らって、今度は１００匹の魚をすくう。そのなかに目印がついた魚が混ざっているはずなので、その数を数えたら

$$x : 50 = 100 : 20$$
$$x = \frac{100}{20} \times 50$$
$$x = 250$$

いけすの魚をＸとして式を立てると、概算で 250 匹になる。

20匹だった。

ここでは、いけすに魚が均等に存在していて目印をつけた魚も均等に散らばったと仮定する。２回目にすくった１００匹の中に存在する目印つきの魚の割合をいけす全体の魚に対する目印つきの魚の割合と同じと考えて式を立てる。

すると、

「いけす全体の魚の数x：目印のついた魚50匹＝１００匹：20匹」

という等式になる。

そうして計算をしていくと、いけす全体の魚の数は２５０匹と概算することができるのだ。

これは、魚の出入りがない池やいけすなどの閉鎖された環境にのみ適用できる方法だ。魚以外にもひよこや虫の数など、なかなか数えられないものに使えるので覚えておきたい。

繰り上がりも繰り下がりも一瞬でできる暗算の極意

暗算が大得意という人を除けば、桁が増えるほど計算に手間取るものだし、半端な数字同士の暗算は間違いやすいものだ。その都度電卓を使ってもいいが、細かい計算もサッと暗算でできたら便利なことにはちがいない。

まず足し算だが、2桁以上の数を足していく場合は、右から、つまり一の位から順に左へ向かって足し算をしていくのが学校で習ったやり方だ。もちろんこれでいいのだが、もっと単純な考え方をするとより計算間違いが防げる。同じ位同士の1桁の計算に分解するのだ。

3719と2673を足し算してみよう。

同じ位をそれぞれ足し算すると、3＋2＝5、7＋6＝13、1＋7＝8、9＋3＝12だ。

ここで2桁の答えが出ている位に注目したい。百の位と一の位だ。百の位同士の和は13なので、千の位に＋1をすることになる。同様に一の位同士の和は12で、十の位に＋1だ。千の位は5＋1＝6、十の位は8＋1＝9となり、3719＋2673の答えは、6392となる。

引き算の場合は、3－2、7－6、1－7、9－3だ。小さな数字から大きな数字は引けないので、1－7のところを11－7として左隣の百の位の数字から－1をする。

3－2＝1、（7－6）－1＝0、11－7＝4、9－3＝6で、答えは1046となる。

繰り上がりと繰り下がりは計算間違いの大きな原因となる。大きな数を足し引きするときにも、計算を極力単純化すれば素早く正確な計算ができるのである。

ざっくり全体像をつかむ「概数」の考え方

「概数」というのは、小学校の算数で習う数の考え方だ。およその数とも呼ばれ、四捨五入や切り捨てを使って、だいたいの数字を表すことができる。

とある高校の生徒に調査したところ、財布の中身は平均して3００円という結果になったとしよう。その高校の中の40人のクラスで見れば、生徒が全員揃っている教室の中にはおよそ12万円のお金があると考えることができる。これがおよその数、つまり概数だ。

実際にクラス全員が持っているお金を合計すれば、1円単位まで端数が出るし、平均より多い人もいれば少ない人もいるはずだが、概数はある程度の説得力を持って出したおおよその数字だ。

実際の数字を出してから、その数字を四捨五入などで概数にする場合もあれば、一部に対するおおまかな数から全体の数を予測する場合もある。

たとえば野球やサッカーの観客動員数、観光地への人出予想、長期休みの道路の渋滞予測など日常生活にも概数はあふれている。

イベントなどにかかる予算の目安を決めたり、企業が商品の価格を決定したりするときにも、概数が利用できる。細かく正確な数字ではないが、大きなスパンで見たときに全体のイメージを捕らえやすいはずだ。

ただし、注意しなければならないのは、概数はあくまでも目安であるということだ。細かい数字に意味がある場合は、概数は役に立たない。

スポーツの記録や気温、住宅情報に掲載する駅までの所要時間、スーパーで特売する商品の1円単位で安さを競う価格など、細かい数字に価値があるものも多い。おおざっぱな数でいいのか、それとも正確な数字が必要なのか。目的を考えてケースバイケースで対応していこう。

「倍数」を聞かれてすぐ答えられる人だけが頭に入れていること

ある整数に別の整数をかけたときの答えは、元の数の倍数である。

もしも「この数字は何の倍数か？」という質問をされた場合、それが1桁か2桁の数字であれば、何の倍数かはすぐにわかる。かけ算の九九を知っていればすぐに答えられるからだ。

では、3桁や4桁の数字ではどうだろうか。とまどう人も多いかもしれないが、どんなに大きな数、たとえば５桁でも10桁でもそれ以上でも、それが何の倍数かがわかる方法がある。

まず一の位が０か偶数であれば、それは「２の倍数」だ。また一の位が０か５なら「５の倍数」ということになる。

同じように何の倍数かがわかる法則はほかにもある。たとえば、各桁の数字を足したものが３の倍数になれば、その数字は「３の倍数」だ。下２桁だけ見てそれが４の倍数であれば「４の倍数」となる。

さらに、「２の倍数」であり、同時に「３の倍数」であれば、それは「６の倍数」だ。

下３桁が８の倍数であれば、それは「８の倍数」となり、どんなに巨大な数字であっても、下３桁だけを見ればそれで判断できるのである。そして、各桁の数を足した合計が９の倍数なら、それは「９の倍数」である。

数字がいくつも並ぶ膨大な数でも、これらの法則は必ず当てはまるので一度試してほしい。

回転寿司の会計金額をさりげなく予想できる目のつけどころ

後輩たちとやってきた回転寿司で、先輩ヅラをして「今日は俺がもつから！」と大きく出たまではいいが、内心は最後の勘定が心配で、ついつい自分は100円の皿ばかり……。

そんな思いをしながら食事をする羽目に陥らないためにも、あらかじめ支払い金額をざっくり予想する方法を覚えておくと損はない。

まずは、この店の最も高い皿と最も安い皿をチェックする。

これを仮に500円の大トロと100円のコハダだとしよう。そして、これらを足して2で割り、平均値を出すのだ。この場合は、300円になる。

次にメニュー表をざっと眺め、その中で最も多い価格帯を探してみると、250円のネタが一番多かったとしよう。つまり、これらのことから、この店の寿司の平均的な価格は250〜300円だということがわかる。

計算しやすく間をとって1皿を約280円だとすれば、溜まっていく皿の枚数で途中経過がわかる。10枚なら2800円、20枚なら5600円、30枚なら8400円……といった具合だ。

もちろん、ビールやチューハイなどの飲み物もあるので、こちらはそのつど足し算をするしかない。

この方法を覚えておけば、自分も心置きなく飲み食いできるし、1万円に達するあたりで「そろそろ行くか」とさりげなくお開きにすることもできる。

ただ、計算をしていることを感づかれるとセコい先輩と思われる可能性もあるので、勘定はあくまでも自分の頭の中で行いたい。

いくらの貯金で、どのくらいの利子がつくか暗算するには？

預金に関してはまだ低金利が続いている。銀行に預金をしていても、年間につく利子なんて微々たるもんだと嘆く向きも多いだろう。

ところで、通帳の残高は確認しても、自分で利子を計算している人はそれほど多くはないだろう。

金利の計算は面倒くさいというイメージがあるが、じつは低金利の場合には意外と簡単に利子をはじき出せるのだ。

では、金利が0・1％の普通預金口座に150万円を預金したとして、5年後にはいくらの利子がつくか計算してみよう。

1年で0・1％の利子がつくということは、1年後の預金残高は現在の1・001倍になる。これが毎年繰り返されるわけだから、1年後は150万円×1・001、そして2年後は（150万円×1・001）×1・001になり、5年後には150万円×1・001^{5}になる。ただし1年ごとの累乗計算をしなくても、もっと簡単に答えが出せる方法がある。ポイントは、1・001^{5}を（1＋0・001）^{5}と置き換えることだ。じつは、「(1＋a）のb乗」で、aが1よりも大幅に小さい桁数の場合には「1＋a×b」と、ほぼ同じ数値になるのである。

aの累乗がかなり小さくなるので当然だが、上記の数字をこれに当てはめると、

$(1+0.001)^5 \fallingdotseq 1+0.001\times5=1.005$となり、これに150万をかければ5年後の預金額が出せる。150万×1・005＝150万7500、利子は約7500円になるというわけだ。

ただし、この計算方法はあくまでも金利が非常に低い場合にのみ有効である。10%や15%といった高い利率では、このような単純計算にならないので気をつけたい。

不動産広告の数字から土地の広さを推理する

不動産のチラシなどでは、今でもときどき「坪」の表記を見かけることがある。メートル法の表示に慣れてしまっていると、この坪がどのくらいの広さになるのかがけっこうつかみにくいものである。

「33坪っていわれてもなあ。いったい何平方メートルくらいになるんだろう」と、考え込んでしまうこともあるが、コツさえつかんでしまえば坪を平方メートルに変換することはむずかしくない。

まず、1坪はだいたい3・3㎡に相当する。したがって、坪数に3・3をかければ平方メートルが算出できる。とはいっても、小数の入ったかけ算は面倒くさいものである。そこで、もっとラクに計算するために、3坪をひとつの単位として考えるようにしよう。「3坪×3・3㎡＝9・9㎡」だが、これを「3坪≒10㎡」と見なしてしまうのだ。これなら計算がぐっとしやすくなるはずだ。

前述の33坪なら、33÷3×10＝110で約110㎡となり、逆に平方メートルから坪数を出したいときには、10で割ってから3をかければいい。たとえば150㎡の土地なら、150÷10×3＝45となり、約45坪の広さだとわかるのである。

この考え方を使えば、頭の中でも坪と平方メートルが一瞬で換算できるようになるだろう。

相手の誕生日を一発で言い当てる計算マジック

はじめて会った人に、「君の誕生日を当ててあげようか」と言ってズバリ言い当てることができたら、その場はかなり盛り上がるにちがいない。

じつは、そんな手品のような誕生日の計算方法がある。仮に、相手が5月1日生まれの30歳だったとすると計算はこうなる。

①生まれた月に100をかける　5×100=500
②生まれた日を足す　500+1=501
③2をかける　501×2=1002
④8を足す　1002+8=1010
⑤5をかける　1010×5=5050
⑥4を足す　5050+4=5054
⑦10をかける　5054×10=50540
⑧4を足す　50540+4=50544
⑨実年齢を足す　50544+30=50574

ここまで終わったら、出た数字から444を引く。すると答えは50574ー

444＝50130になり、これを右から2桁ずつ区切っていくと、左から生まれた月、日、そして現在の年齢になる。

つまり、相手に⑨までやってもらえば、444を引くだけで誕生日から年齢までを当てることができるのだ。

何とも不思議な数字のマジックだが、合コンなどで披露すれば驚かれること請け合いだ。

ただ、誕生日と同時に年齢までわかってしまうので、年齢を隠し通している女性に試すのだけはやめておいたほうがいい。

大切な記念日が、来年何曜日になるか知っていますか?

大切な記念日は早くから予定を入れておきたいものだ。カレンダーを見なくても来年の記念日の曜日がわかれば、どこにいても簡単に予定が立てられるのに……と思ったことのある人もいるだろう。

そんなとき、今年の記念日の曜日さえ把握していたら、スマホをチェックしたり手帳をめくるまでもなく来年、再来年の曜日までわかってしまうのをご存じだろうか。

しかも、その計算方法はじつに単純で明快だ。

1年は365日ある。1週間は7日なので365÷7＝52とあまりが1。つまり、1年は52週と1日と言い換えることができる。この「あまり1」のせいで、曜日は1つずつずれていくのである。

たとえば、今年の結婚記念日が6月20日の金曜日だったとしたら、来年は土曜日になるといった具合だ。

うるう年の場合は1年が366日あるが、7で割ると52とあまり2になるので曜日は2つずれる。もし再来年がうるう年だとしたら、6月20日は月曜日だ。

来年のことを言うと鬼が笑うかもしれないが、知っておいてけっして損はないだろう。来年の誕生日や再来年の結婚記念日など、楽しい計画について早いうちからあれこれ思いめぐらすのも悪くはないのでは。

サービスエリアまでの時間を知るための基準の数字

車で高速道路を走っているとき、お腹が空いてきて食事をしたくなったり、トイレに行きたくなったりして、次のサービスエリアまであと何分で到着するかが気になることがある。

それを知る手がかりは、もちろん車の速度とサービスエリアまでの距離である。しかし、速度をもとにした計算はピンとこないし、おおまかな数字がつかみにくいものだ。これには理由がある。

ふつう、数は「10進法」を基本に考えるものだ。ところがこれが時間になると、「60進法」がからんでくる。60進法は10進法より複雑に感じてしまうため、どうしても混乱しがちになるのだ。

たとえば、高速道路を時速120㎞で走っているとする。次のサービスエリアまで「あと48㎞」の表示が出ていたら、およそ何分かかるだろうか。

この場合、基本になるのは「時速60㎞で走っていると、1㎞走るのに1分かかる」ということである。これさえ覚えておけば、時間と距離の計算が簡単にできるようになる。

この基本を応用すると、時速が120㎞なら、1㎞走るのに30秒ですむということだ。2㎞なら1分である。

つまり、48㎞の距離を走るには24分が必要だということになる。

さらにおおまかな目安として、高速道路の場合、時速80〜100㎞であれば「距離を分に代えて、それより少なめ」で、一般道の場合、時速30㎞であれば「距離のおよそ2倍」の時間がかかると覚えておくと便利だ。

元号（昭和、平成、令和）を西暦に一発変換するには？

令和の時代も早いもので、5年目に入った。こんなときにふと、令和ならすぐにわかるけれど、西暦を「昭和」や「平成」といった和暦に一瞬で直すにはどうすればいいのか考えたことはないだろうか。

計算はいたって簡単で、西暦の下2桁に基準となる数字を足したり引いたりするというシンプルな方法だ。この〝基準〟となる数字は、昭和の場合は「−25」、平成なら「＋12」、そして令和は「−18」だ。

たとえば、1981年を西暦に直すときには「81−25」で昭和56年になるし、2012年なら「12＋12」で平成24年になる。また2020年は「20−18」で令和2年となる
ちなみに、昭和は1926年12月25日から1989年1月7日まで、平成は1989年1月8日から2019年4月30日までとなり、令和は2019年5月1日から始まっている。

知っておくと意外に役に立つこの西暦を簡単に和暦にチェンジできる計算テクニック、書類を書くときなどにも便利なので覚えておいてソンはないはずだ。

値引き率からその金額をはやく正確に知る方法

タイムサービスや季節ごとのセールなどでは、「レジにて2割引き」とか「ご精算時に30%オフ」といった表示を見かける。だが、同じものが安く買えるのはうれしいが、値引き後の価格が書かれていないと自分で計算をすることになる。

たとえば、2500円の商品が3割引きになっていたら、いくらになるだろうか。

ここで「3割引きなんだから、実際の値段は2500×0・7で……」と考えてしまうのは早計だ。

0・5をかけるなら単純に半分にすればいいだけだが、それ以外の小数が入っていたら暗算で解くのはむずかしいだろう。

しかし、小数のかけ算を簡単にするコツがある。小数を分数に置き換えて考えるのだ。

3割を分数にすると10分の3。つまり、2500×10分の3が割り引かれる金額になる。全体からこの金額を引いてやれば値引き後の価格が出るというわけだ。

考え方のプロセスは次のようになる。

２５００÷10＝２５０（10分の１の値段）
２５０×３＝７５０（10分の３の値段）
２５００－７５０＝１７５０（値引き後の値段）

これなら暗算でも計算できるだろう。

この方法はすべての小数のかけ算に当てはまるわけではないとはいえ、０・１５や０・４など、０・０５の倍数をかける場合にはとても有効だ。

また、０・２５を分数にすると１００分の25だが、これは約分して４分の１にすることができる。１００で割ってから25をかけるより４で割ったほうが計算はラクだ。

ただし10分の２も５分の１に約分できるものの、５で割るより10で割ってしまったほうが簡単な場合もある。

このあたりは数値を見て判断するといいだろう。

〝数字嫌い〟でも、これなら二桁のかけ算がラクラク

子供のころにそろばん教室に通っていたことのある人は、暗算をするときでも頭の中で〝エアそろばん〟を弾くクセがついているという。

全国珠算教育連盟が主催している「暗算検定試験」の最高位は10段だが、その検定問題には5桁の数のかけ算や割り算が登場するというから、まるで異次元の話に思えてくる。

さすがにそこまでむずかしい計算は無理だとしても、10から19までのかけ算ならだれでも暗算できるテクニックがある。

もちろん、どちらかの数字が「10」ならば、もう片方の数字に0をつけるだけでOKだが、頭を悩ませるのは「12×18」とか「14×17」といった中途半端な数字の計算だ。

これらの場合、まず左側の数字をA、右側の数字をBと設定する。そうして、

12 × 18 = ?
A　B

「(A＋Bの一の位) × 10 ＋ Aの一の位 × Bの一の位」

にあてはめると……

↓

「(12 ＋ 8) × 10 ＋ 2 × 8 ＝ 216

12 × 18 ＝ 216

「(A＋Bの一の位)×10＋Aの一の位×Bの一の位」という数式に、具体的な数字を当てはめていけばいいのだ。

つまり、「12×18」なら「(12＋8)×10＋2×8」で答えは216になり、「14×17」なら「(14＋7)×10＋4×7」で238となる。

最初のうちは紙に書かないとややこしいかもしれないが、一度覚えてしまいさえすればスラスラと暗算できる。

10から19までと数字が限定されてはいるが、面白いように答えが出せるようになるので、ほかの数字の組み合わせでもぜひ試してほしい。

「田」の字で考えると、比の計算がすばやくできる

「比」の計算方法として昔から使われているのが、「田」の字の計算だ。これはちょうど漢字の「田」を4つのマスに見立てて、きまりごとに沿って計算していき答えを導き出すというものだ。

これを例にして、ヨコ幅が88㎝ある16：9のワイドテレビのタテの長さを導き出してみよう。

まず田の字を書き、左列の上のマスには「88㎝（ヨコ）」、その下のマスには「16」と入れる。同様に右列の上のマスには「（x）㎝（タテ）」、そして下のマスに

88	X
16	9

は「9」と書く。

この計算のルールは、これらの数字をそれぞれ斜めにかけ合わせた値は等しくなる、というものなので、計算式は「88×9＝16x」となり、「x＝49・5」という答えをはじき出すことができる。

これはA：B＝C：Dという比の計算をよりわかりやすくした形だ。

計算式ではA×D＝B×Cとなるところを、田の字の左部分に上からA、B、右部分に上からC、Dと置き、斜めにかけ合わせることで同じ答えになる。

これなら、数字に弱い人でも簡単に比の計算ができるはずだ。

距離、時間、重さ……これなら道具がなくても〝体感〟でわかる

自分が勤務しているオフィスの端から端まで、だいたい何メートルあるか測ってください。

こんなお題が出されたら、どのような方法で長さを測るだろうか。ただし、これ

にはメジャーなどの計測機器はいっさい使ってはいけないという条件がつく。

それじゃあ、わかりっこないと思うかもしれないが、この質問をよく読んでほしい。ここでは「だいたい何メートル」かを聞いているのであり、正確な数値を求めているわけではない。

こういったおおまかな長さや距離、時間、重さなどは、日々の訓練でおよその見当がつくようになる。

たとえば、やや大股で歩いた1歩は身長の約半分の長さに相当する。身長172cmの人なら、その半分は86cm。つまり10歩歩けば、およそ860cm（8・6m）だということがわかる。

また、テレビのサイズに使われるインチという単位は、1in（インチ）が約2・54cmだが、もともとは親指の横幅を基準としたものだ。

このように、手の平を広げたときの親指から小指までは何cmか、両手を左右に延ばすとどのくらいの長さかなど、あらかじめ自分の寸法がわかっていれば、たちまち数量の計算ができてしまうのである。

ちなみに、新聞を広げたときの対角線の長さは約1m、1000円札の横幅は15

㎝、1円玉は1gなど、身近なものの数値も知っておくと大いに役に立つかもしれない。

ピザの直径と値段設定には、どんな関係がある?

家族や友達が大勢いるときに、宅配のピザを注文するという人は多いだろう。何をトッピングにするかを話し合うのも楽しみのひとつだ。

ところで、注文の前にピザのサイズに迷うことがある。人数を考えればMサイズを24㎝とした場合ではちょっと小さいが、かといってLサイズの30㎝では大きすぎる、というような場合だ。

大きさで判断がつかないのなら、いっそのこと「どちらがトクか」で考えてみるのもひとつの手である。

いったい経済的なのはどちらのピザなのだろうか。

ここでは生地の厚みやトッピングを無視して、ピザの面積だけで値段を比較してみる。

円の面積を出す公式は「半径×半径×3・14」である。24㎝のピザの面積は「12×12×3・14」で452・16㎠となる。一方で、30㎝のピザは「15×15×3・14」で706・5㎠である。

そして、直径24㎝のピザが2300円、直径30㎝のピザが3200円だとすると、452・16：2300＝706・5：3200となるはずだが、じつはそうはならない。

計算してみると、直径30㎝のほうは3200ではなく、3593・75でなくてはイコールにならないのだ。

つまり、直径24㎝のピザを基準に考えると、直径30㎝のピザは約3600円でなければ計算が合わないのである。

そう考えると、直径30㎝のピザは400円ほどもトクということになる。

大勢でモリモリ食べたいときには、サイズの大きいピザのほうが割安だということを覚えておこう。

5キロダイエットするのに、何日必要か計算してみたら……

美容のためとか、健康のためとか理由はさまざまだが、男女を問わずダイエットに関心が高い人は多い。ところが、ジムに通ったりジョギングをしたり、あるいは食事の量を減らしたりしても、思うような成果が出ないと感じることもあるだろう。だが、そもそもダイエットに〝即効性〟を期待するのはむずかしい話だ。これは消費カロリーで考えるとわかりやすい。

体重が増えるというのは、消費するカロリーよりも摂取カロリーのほうが多いことが原因だ。だから、食事制限で摂取カロリーを減らし、たくさん運動をして消費カロリーを増やせば体重は減っていくことになる。

ところが、太るのは簡単なのに痩せるのはかなりの努力が必要になる。体重を1キロ減らすためには7200キロカロリーを消費しなければならない。5キロだったら3万6000キロカロリーにもなる。

もし、ふだん1日に2100キロカロリーを摂取している人がまったく何も食べなくても、3万6000キロカロリー分のカロリーを消費しようと思ったら36000÷2100＝17・14…で、17日以上かかるのである。もちろん、こんな無謀なダイエットはできるはずがない。

では食事を制限して、摂取カロリーを1日1800キロカロリー以下に抑えたとしたらどうなるか。こちらは、36000÷（2100－1800）＝120日となり、体重を5キロ減らすのに約4カ月かかる計算になる。

先が見えないと、途中であきらめたくなるかもしれないが、目安となる日数がわかれば気持ちが違う。ダイエットは日々の積み重ねが大切なので、くれぐれも短期間で痩せようとして過激なダイエットに走るのは避けたい。

海外旅行するなら覚えておきたい「フライト時間」の考え方

コロナ禍で規制されていた入国制限も緩和され、日本からも海外旅行に行きやすくなった。2023年の夏休みの海外旅行者は120万人で、対前年比214%と増えている。

ところで外国に行くとなると、ほとんどの場所で日本との時差が発生する。そのため、行程表を見ると、出発時刻は日本時間なのに到着時刻が現地時間で記載されていることが多い。

だが、これだといったい何時間飛行機に乗ればいいのかがわからないことがある。

たとえば、イギリスまで旅行をするとしよう。予定では、成田発が午前11時45分で、ロンドン着が現地時間の午後19時だったとする。

日本とイギリスの時差は8時間なので、到着は日本時間の午前3時になる。当然ながら、まともに「3時－11時45分」と引き算をしてしまうと答えは出てこない。

そこで、いくつかのステップに分けて計算してみるといい。

まずは出発してから昼の12時までで「15分」。そこから夜の12時までの「12時間」、さらに午前3時ならそこに「3時間」をプラスすればいいわけで、合わせて15時間15分のフライトということになる。

海外で行われるスポーツ中継なども日本時間では夜中や明け方になってしまうことが少なくないが、この計算を使えば何時間後に試合が始まるかが簡単にわかって便利だ。

さらにこの考え方は、新幹線の乗車時間を計算するときにも利用できるので覚えておきたい。

たとえば、東京発が午前7時40分で、新大阪に午前10時13分に着くのぞみの乗車時間は、「20分」＋「2時間」＋「13分」と考えればすぐに「2時間33分」と計算できる。

自分の理想体重が1秒でわかる計算のコツ

いつの時代も女性の体重に関する悩みは尽きないようだ。江戸時代、井原西鶴によって書かれた小説『好色一代男』にも、当時の遊郭で働く女性たちが食事制限をしてウエイトコントロールをしている様子が描かれている。最近ではふとり気味の少々出張ったお腹を気にする男性も少なくない。

そこで、自分の「理想体重」を知っておきたいところだが、理想体重の目安は「身長（m）×身長（m）×22」という簡単な計算で出すことができる。

たとえば、身長170cmの人の場合は、「1・7m×1・7m×22＝63・58kg」が理想の体重になる。

さらに、この数値を使って自分の「肥満度」までわかってしまう。「(現在の体重−理想体重)÷理想体重×100」で出た数字が、肥満度が何％であるかを表しているのだ。

この肥満度が10％を超えたら「少々太り気味」で、20％を超えたら「太りすぎ」となるので注意したい。

1日に必要なカロリーが1秒でわかる計算のコツ

一見華やかに見えるものの、役者の世界は過酷なものだ。ボクサーの役を演じるために、1日にわずか1200キロカロリーしか摂らずにトレーニングをして体重と体脂肪を極限まで落としたり、老け役のために歯を抜いたといった話もよく聞かれる。

そこまで極端ではなくても、1日のうちで自分が必要なカロリーの数値がわかれば、体重が気になる人には食事の量を計る目安になるはずだ。

1日に必要なカロリーは、「適正体重×体重1kgあたりに必要なカロリーの数値」という計算で求めることができる。

たとえば、身長が165cmで、日中はパソコンを使った座り仕事をしていて、さらにあまり激しい運動をしない男性を例に考えてみよう。

まず「1・65m×1・65m×22」で適性体重は60kgだとわかる。体重60kgなら、1kgあたり20〜30キロカロリーが必要なので、「60×20＝1200キロカロリー」「60×30＝1800キロカロリー」で、1200〜1800キロカロリーが1日に必要なカロリーの目安となるのだ。

ちなみに、この数値には「基礎代謝」が含まれている。特別な運動をしなくても、座ったり眠りについている間でも生命維持活動のために常に代謝が行われてカロリーは消費されている。

基礎代謝量は筋肉量が多い人ほど多くなる。筋肉をつけるとダイエットに効果的だ、といわれるのはこのためである。

2章

できるビジネスパーソンの数字の法則

This Book Has All the Arithmetic
You Need to Know as an Adult!!

仕事ができる人だけが知っている「1％の法則」

がんばって仕事をしたときと力を抜いたときでは、当然のことながらがんばったときのほうが成果は上がる。かといってがんばりすぎると、今度は心身がもたなくなってしまう。

どちらも極端に走ってはいい結果が得られないというわけだが、では、ごくわずかな努力や手抜きならほとんど差は出ないのだろうか。

そこで、無理をしないでいつも99％の力で仕事をする人と、過不足のない100％の力で仕事をする人、そしてちょっとだけ努力をして101％の力で仕事をする人の場合で比べてみよう。

3人が発揮する力の差はそれぞれ1％ずつで、数値の上ではたいした違いはない。ところが長い目で見てみると、そこには大きな差が出てくるのだ。

〝努力〟というのは足し算ではなくかけ算の世界である。ひとつの成果を手にすると、それをステップにもっと大きな飛躍が見込めるからだ。

そこで3人の力をかけ算をしていくと、100%は何回かけても100のままである。

しかし99%では、99%×99%＝98・01、98・01%×99%＝97・0299、…と、かけるごとに数値が小さくなり、どんどん0に近づいていく。

逆に、101%だと101%×101%＝102・01、102・01%×101%＝103・0301、…のように、数値は無限大に大きくなるのだ。

自分の可能性が減っていくか、現状維持か、あるいは無限に広がっていくかは、小さな努力の積み重ねにかかっている。たった1%の差でその運命は大きく変わってくるといえるだろう。

ノルマ達成できるかどうかは、結局ペース配分にかかっている

ひと月で○○件の新規契約を成立させるとか、半期で○○円の売上げを達成する

など仕事にはノルマがつきものだ。しかも、ノルマを果たせたかどうか、その結果がボーナスや給料の額にも跳ね返ってくるとなると非常にシビアである。

数値目標が課せられると、とにかくがむしゃらに突っ走るというタイプもいるが、むやみに動き回るのは非効率だ。それよりも全体像をつかんでから動き出すほうが効率はいい。

つまり、現状をもとにしてノルマ達成までのペース配分を計算してやるのだ。

たとえば、1カ月の勤務日数が20日で、新製品を1日平均5個売るノルマを半期ごとに設定したとしよう。

先々月は20日勤務して、1日平均3・5個を売り上げた。先月は休暇をとったので勤務日数は13日だったが、売上げは平均4個に増えた。

このペースでいくと、半期の締めまでの残り4カ月で、1日平均何個を売ればノルマに達するだろうか。

まずは2カ月の平均を求めてみると、（3・5個×20日＋4個×13日）÷（20日＋13日）＝3・69…となる。現状では1日平均約3・7個を売っていて、ノルマには1・3個足りない。

この遅れを取り戻すために、残り4か月ではどのくらい上乗せすればいいかというと、33日×1・3個÷80日≒0・54となる。

つまり、5個に0・54個をプラスした5・54個が1日当たりの売上げ目標になるわけだ。

逆に、はじめにノルマを超えた売上げが達成できているなら、後半は少しゆっくりとしたペースでも大丈夫だということになる。もちろん販売や契約などは相手あってのものなので、必ずしも予定どおりに進むとは限らない。

それでも、ただやみくもに突き進むよりも、目安があるほうがプレッシャーも軽くなるのではないだろうか。

「自分が一生で稼ぐお金」を計算するには、こうすればいい

1カ月の間必死で働いて、ようやく手にした給与明細を見てため息をついている若手社員は多いはずだ。

日本の終身雇用制度は崩れたといわれるものの、やはり勤続年数が長く、知識と経験が豊富であれば給料は上がる。若いうちは、給料が安いのは致し方ないのだ。

ところで、そんな自分の「生涯収入」を気にしたことはあるだろうか。生涯収入とは、労働者として生涯に得る収入のことだ。これは、給与とボーナスが支給される回数で計算すると、おおまかな数字がはじき出される。

たとえば学校を卒業してすぐに就職し、そのまま60歳の定年まで働き続けたとしよう。すると、高卒の場合は給与が約492回、ボーナスが年に2回の会社ならば約82回支給される計算になる。

一方で、大卒の場合は給与が約444回、ボーナスが約74回となる。この数字に自分の給与やボーナスの支給額をかければいいのだ。

もちろん、間に休職期間が挟まれば支給される給与の回数は減ってしまうし、毎年必ず2回ボーナスが支給されるという確約もないが、ひとつの目安として覚えておいてもいい数字ではある。

日本では、大企業で働く大卒者の生涯年収は、3億円超といわれている。もっとも、企業の規模によっても差があるので、これがすべての人に当てはまるとはいえない。

仕事に必要な人数は、「のべ人数」で考える

東京ディズニーランドと東京ディズニーシーを合わせた入園者がついに通算8億人を突破した、というニュースが2022年に流れたことがある。

単純に計算すると、赤ちゃんからお年寄りまで日本人全員が約6～7回訪れたということになる。さすがは、世界で最も成功しているテーマパークといわれるゆえんである。

ところで、この「8億人」という数字は、もちろん「のべ人数」を意味している。テーマパークや何日間かにわたって開催されるイベントなどの入場者数は、リピーターの数を含めた「のべ」の数字でカウントされるのがふつうだ。

この、のべ人数というのはカウントするのは簡単だが、割り出すのにはちょっとしたテクニックがいる。

たとえば、仕事を1日で終えるためには何人のスタッフを投入すればいいのかというケースで考えてみよう。

この仕事は最初3人で取りかかって、8日間で全体の3分の2を終えたとする。ところが、残りの仕事を1日で終えなければならなくなった。あと何人スタッフを補充すればいいだろうか。

まず3分の2を終えるためには、「3人×8日」で「のべ24人」のスタッフが必要だったことになる。ここから、その半分にあたる3分の1の仕事には「のべ12人」がかかわっていたと見なすことができるわけだ。

そして、残っている仕事はあと3分の1。しかも、それを1日で終えるのだから必要なスタッフは12人となる。

ただし、12人を補充すればいいと考えるのは早計だ。ここには最初から仕事に携わっていた人も含まれているため、「12人－最初からの3人」という計算を忘れてはいけない。

つまり、実際に補充しなければならないスタッフは「9人」になる。

1人でやるか、2人以上で分担するか、一番効率のいいやり方は?

パソコンやスマートフォンが普及したことで、さまざまなデータをデジタル化して管理することがいまや常識になっている。大量にファイリングされた紙の書類はそのままではかさばってしまうので、スキャンしてデジタルデータとして保管したりする。

ただ、大量の書類をデータ化するのにも時間と手間がかかる。

そこで、一気に終わらせるためにAさんとBさんの2人に集中してやってもらうことになった。

ちなみに、以前、5年分の書類のスキャンをAさんにお願いしたところ5日間かかり、Bさんは4日間かかっている。

では、2人で同時に5年分の書類をデータ化するには、どれくらいの時間がかかるだろうか。

この作業時間は、「1÷（Aさんのかかった時間量＋Bさんのかかった時間量）」という計算で求めることができる。

全体の仕事量を「1」とすると、1日でこなすことができる仕事量は、Aさんは全体の「5分の1」、一方のBさんは「4分の1」になる。

これを合算して2人が1日でできる仕事量を求め、この値で全体の仕事量を割ると、「1÷（5分の1＋4分の1）」となって、2人同時に作業をすれば2日と少しで終えることができることがわかる。

さすがに2人でやれば随分と短縮できるのである。

ちょっとした計算でスッキリわかる「平均賃金」のマジック

ビジネスパーソンにとって、もらえる給料は高いにこしたことはない。「A社の平均賃金って、うちより高いんだって」などと聞けば、「じゃあ、A社に転職すれば高い給料をもらえるかも」と考えてしまうかもしれない。

A社（2670万円 ─ 150万円×10人）÷（100 ─ 10人）
　＝13万円

B社（2390万円 ─ 150万円×3人）÷（100 ─ 3人）
　＝20万円

　ところが、平均賃金が高いからといって必ずしも社員全員の給料が高いとは限らない。平均賃金は社員全員の賃金総額を頭数で割ったものなので、飛び抜けて高い賃金をもらっている社員がいれば、平均額はたちまち引き上げられてしまうのである。

　たとえば、1カ月の平均賃金が26万7０００円のA社と、23万9０００円のB社を比べてみよう。

　2社はどちらも社員数が１００人で、1カ月に１５０万円の賃金を得る社員がA社には10人、B社には3人いるとする。すると、それぞれの会社のひと月あたりの給料の総額は、A社２６７０万円、B社２３９０万円。そこから毎月１５０万円を得ている社員の賃金分をのぞいて、残りの社員の平均賃金を出すと、上図の結果となる。全体的にはB社の社員のほうが高い賃金をもらっていることになるのだ。

また、比較的年齢層の高い会社は平均賃金が高くなる傾向にある。

さらに学歴構成によっても平均賃金は異なり、一般的に同じ年齢で比べると高卒より大卒のほうが賃金が高いという傾向がある。

こうした数字のマジックはさまざまなデータに見られる。

表向きの数字だけに惑わされず、それを構成している内容まで確認しないと「こんなはずじゃなかった」ということになりかねないのである。

会社の売上高と自分の年収は、どんな関係になっている？

世の中が不況にもかかわらず、最高益をたたき出す企業がある。

「そういう会社に就職していれば、もっと年収も多かったんだろうなあ」などと嘆く人もいるかもしれないが、会社が最高益を記録しているからといって社員の年収も相応に上がっているとは限らない。

このカラクリを知るためには、労働分配率と配当の関係を知る必要がある。

労働分配率は「人件費÷付加価値」で表される。

付加価値とは、売上高から材料費や外注費など外部から購入したものの原価を引いた金額をさす。つまり労働分配率が高ければ、それだけ社員に還元されるものが多いということだ。

一方、配当は利益を株主に配分するものである。利益が増えれば配当も増え、利益が下がれば配当も減るのが基本だ。

ところで、配当の原資になる利益とは、売上げから「人件費＋それ以外のコスト」を差し引いたものである。

だが、徹底してコスト削減を図ったところで、不況下ではそれほど売上げの増加は見込めない。そんな状態で利益を出そうとすれば、あとは人件費を削減するしかないことになる。

したがって最高益とはいっても付加価値が増加したのではなく、人件費のカットによって生み出されたケースは少なくないのである。

本来、利益の増減で配当は変動するものだ。しかし安定した株主を確保するにはあまり配当を減らすわけにはいかないので、人件費を削ってでもある程度の利益を出さなければならないのである。

労働分配率の配分をめぐって、従業員と株主は綱引きをしているといえるだろう。

タクシーに何人かで乗ったときは、だれがいくら料金を支払うのが正解か

タクシーに相乗りすると、だれがいくら払えば平等になるかという計算が意外とむずかしいことがある。

もちろん全員が途中下車することなく乗っていれば、料金を頭数で割れば1人当たりが支払う金額が出せる。

しかし往復でタクシーを頼み、帰りだけ便乗させてもらった人がいた場合、この人はいくら払えばいいのだろうか。

たとえば行きは2人、帰りは3人で、往復に3万円かかったとして考えてみると、往復ののべ人数は5人になるわけだから、30000円÷5人＝6000円という計算が成り立つ。

これなら、片道だけ相乗りした人は6000円を支払えばいいように思えるかもしれないが、これは早計すぎる。

なぜなら片道分の費用は3万円の半分、つまり1万5000円になるからである。行きはこれを2人で負担するため、1人当たりは7500円となる。帰りは3人に増えているので、1万5000円を3人で割らなければいけないのだ。

つまり、1万5000円÷3人＝5000円となり、帰りに相乗りした人の負担分は、本当は5000円ですむというわけだ。

単純にのべ人数で計算してしまうと、1000円も誤差が生じてしまうことになるので気をつけよう。

大人なら覚えておきたい飲食代のスマートなワリカン法

大勢で飲みに行ったときに、意外と面倒なのが飲食代のワリカンだ。

仮に参加者が10名であれば、1人当たりは総額の10分の1になるのでわかりやすいのだが、7人や8人といった中途半端な人数になると暗算をするのもひと苦労である。

大のオトナが顔を突き合わせて、細かい数字を四苦八苦して計算するのもどこか見苦しいし、できればスマートに計算したいものだが、それにはどうしたらいいだろうか。

たとえば9人で飲みに行き、勘定の合計が4万8750円だったとする。コツは、この数字に最も近い9の倍数を導き出すことだ。

これなら、ものの数秒で9×5000＝4万5000円という計算式が浮かぶはずである。つまり、1人5000円というおおまかな目安が出てくる。

実際には、あと3750円足りないので、徴収額は少し多めに見積もって1人5500円ほしい。これなら数字のキリもいいのでぴったりの金額を集めやすい。

もちろん、9×5500は4万9500円になるので750円が余ることになる。このお金の使い道は店を出てから考えればいい。

次の店へ行くならその支払いの足しにするもいいし、また、一番遠方から参加した人の足代としてカンパするのもいいだろう。あるいは、店の予約や連絡に奔走した幹事に還元するのも手だ。

　スマホの割り勘アプリを使ってきっちりと計算してもいいが、いいオトナの飲み会であればこのくらいザックリした計算で楽しく飲みたいものである。

「二日酔い」する酒の量を計算で確認するには？

「酒は百薬の長」といわれるが、度を過ぎた飲酒で悪夢のような翌朝を迎えた経験はだれでも一度や二度はあるだろう。わかってはいても、楽しいお酒はついつい飲み過ぎてしまうものだ。

　そこで、二日酔いをしないために自分の体に合ったお酒の量をあらかじめ知っておくといいかもしれない。じつは、目安となる量は簡単な計算で確認することができるのだ。

「15×体重（kg）×飲み始めてから翌朝起きるまでの時間（h）÷（アルコール度数×0・8）」で、適切な飲酒量が見えてくる。

実際に計算してみよう。

体重60キロの人が、夜の8時からビール（アルコール度数5・5％）を飲み始めたとする。

次の日は7時に起床するとして、「15×60キロ×11時間÷（5・5×0・8）」となり、「2250㎖」が翌日に酒が残らない量の目安となる。

500㎖入りのロング缶で4本半になるが、この数字はあくまでも目安で個人差がある。自分の体調とも相談しながら酒量は調節してほしい。

ちなみに二日酔いのメカニズムは、自分が代謝できる量以上のアルコールを摂取してしまったことで肝臓の機能が低下し、アルコールやアセトアルデヒドが分解されずに体の中に残って頭痛など体の不調を引き起こすものだ。

果物に多く含まれる果糖はアルコールを分解する酵素を活性化させるといわれているので、フルーツジュースなどを飲むことも二日酔い対策としては期待できる。もっとも、その前に、とにかく飲み過ぎないようにすることが一番ではあるのだが……。

円グラフ、折れ線グラフ……「何を伝えるか」がグラフ選びのポイント

パソコンの誕生のおかげでだれもがきれいで見やすいグラフを作ることができるようになった。とはいえ、グラフにもいろいろな種類がある。

ひとつのデータをもとにしてグラフを第三者に見せる場合、どのグラフにするか迷うという人も多いだろう。どんなグラフにするかは、そのデータによって何を伝えたいかによって決めるのがいい。

まず棒グラフは、単純にデータの大きさを比較する場合に向いている。同じ観点から、いくつかのデータを比べて、見ただけでわかりやすくするには最もふさわしい。

円グラフは、全体に占める割合を見るのにわかりやすい。アンケートの結果や市場のシェアの状況などは円グラフで表すと、ひと目で「だいたい半分くらい」とか「ほんのわずか」といったことが把握できる。

また、折れ線グラフは、時系列に沿ったデータの変化を表現するのに向いている。たとえば人口の推移など年代ごとの変化を見たいときには、折れ線グラフにするとわかりやすい。売上げや利用者数の推移などがどのように変化しているかを表現する場合にも折れ線グラフが最適だ。

ちなみに、積み上げ棒グラフというのもある。1本の棒にいくつかの要素を盛り込んで、積み上げたように見えるグラフだ。これも視覚的にわかりやすい。

さらに、散布図というのもある。ふたつのデータの相関関係を見るのに向いているグラフで、縦軸と横軸の間に散乱するプロットで表現される。

自分が何を伝えたいかにより、最適なグラフを選ぶことが重要だ。

客観的に見える統計ほど、そのまま信じたらアブない

数学的なデータをもとに出された統計というのは、客観的で間違いがないという印象を受ける。しかしよく見ると、トリックともいえる落とし穴に気づくことがあ

る。

たとえば、「長寿村」について考えてみよう。長寿の秘訣を探ろうと、平均寿命が長いとされるいわゆる「長寿村」を取材するニュースがある。

あれを食べるといい、これを食べてはいけない、長く寝る、早起き、昼寝をするなど、村のお年寄りに聞けば日常生活のさまざまなコツを知ることができるだろう。

しかし、長寿村のお年寄りたちに聞いても、本当に何が長寿の秘訣なのかはわからない。なぜなら、長寿村の決め方にはトリックを潜ませることができるからだ。

極端にいえば、全員80歳以上の村があれば、村民の死亡時の年齢はすべて80歳以上となる。

その点、全員20歳の村があれば、死亡時の年齢にはかなりバラつきが出るはずだ。つまり、前者のほうが見かけ上は長寿の人が多くなるのだ。

もともと過疎で若者が少ない地域はお年寄りが多い。もちろん食生活や生活習慣、住環境などの要素も無視できないが、そもそもデータを取る段階である種のバイアスがかかっているのだ。

厚生労働省が出している平均寿命は年齢構成の影響を受けないように計算されて

いるが、このことを利用すれば、客観的に見える統計データを都合よく見えるように操作することは簡単だ。計算式は正しくても、そもそものデータを工夫すれば、相手を納得させられる強力な武器になるだろう。

毎日違ったコーディネートに見せるための「組み合わせ」の考え方

リモートワークが可能な会社でない限り、毎日どんな格好で出社するかは頭が痛い問題だ。

スーツ着用の会社の場合、まさか毎日同じスーツ、同じネクタイ、同じ靴というわけにはいかない。そんなことをしていたら、身だしなみに無頓着な人間と思われかねない。自分自身の気分をリフレッシュするという意味でも、日々の変化には気を配りたいところだ。

とはいえ、スーツもネクタイも靴も、無限に持っているわけではない。なので、この3つのアイテムの組み合わせを変えることを考えてみる。

たとえばここに、1か月のうちに22日間出社するビジネスパーソンがいて、彼はスーツを4着、さらに靴を4足持っていると仮定してみる。これはビジネスパーソンの平均的な数だ。

ちなみに、1年の出社日数は22日の12倍なので264日になる。つまり、264通りの組み合わせがあれば、「1年間同じ格好をしない」ということになるのだ。

だとすれば、何種類のネクタイを準備しておけばいいだろうか。ここで考えられる組み合わせは、次の計算で導き出すことができる。

(スーツの数)×(靴の数)×(ネクタイの数)

この答えが264通りになればいいわけだ。

スーツの数と靴の数は「4」なので、この数字を当てはめると、「4×4×x＝264」となる。これを計算すれば、xは16・5になる。

つまり、最低17本のネクタイを準備しておけば、264日ずっと違う組み合わせで出社できるというわけだ。

3章

知っているだけで
なにかと得する「お金」の数字

This Book Has All the Arithmetic
You Need to Know as an Adult!!

「○割引き」「○％ポイント還元」……その損得を一瞬で見極めるコツ

「1割引き」も「1本サービス」も消費者にとっては魅力的だ。得した気分になるのはたしかだが、果たしてどちらが得なのだろうか。

わかりやすく具体例を挙げてみよう。

たとえば、1本で2000円の地酒が売られているとする。「10本買うと1割引き」と「10本買うと1本サービス」というふたつの選択肢があるとしたら、どちらが得だろうか。実際に計算してたしかめてみる。

まず「10本買うと1割引き」の場合だと、2万円×0・9＝1万8千円となり、1本2000円の地酒が1800円で買えることになる。

一方、「1本無料サービス」の場合だと、2万円で11本買えることになる。この場合では、2万円÷11本＝約1818円となる。

つまり1本の値段に換算すると、「1割引き」のほうが安いということが一目瞭然になる。この計算はその場ですぐにできるので、もしも店頭でどちらにするか迷ったら、すぐに計算してみるといい。

ところで最近は「ポイントカード」利用者が増えて、「10％ポイント還元」と「現金１割引き」という２種類の選択肢がある場合も多い。どちらのほうが割引率が高いのだろうか。

たとえば10万円の商品であれば、「現金１割引き」の場合、価格は９万円になるので割引率は10％となる。

一方「10％ポイント還元」の場合は、言い換えれば10万円で11万円の買い物ができることになる。

差額の１万円を11万円で割った数値が割引きになるわけだ。この場合の割引率は、９・１％になる。

ようするに、「現金１割引き」のほうが約１％も割引率が高いということになるのだ。

なぜか安いと思ってしまう値段設定のマジック

セールの時期には商品の値段が安くなる。なかには半額以下に下がるものもあり、定価で買うのがバカらしくなってくるほどだ。

とくに家電やクルマなどの高額商品は、ボーナスシーズンの売り出しなど、できるだけ値引き率の高い時期に購入したいと考えるだろう。

ところで、商品の値引きはさまざまな形で示されている。

「○%オフ」のように値引き率で表示されているものもあれば、具体的に「ずばり○円引き」と値引き額が書かれているものもある。

客としてはつい数字の大きさだけに気を取られてしまいがちだが、どんな表示にするかは店側にとっては意外に重要なポイントだ。表示のしかたによって消費者の購買意欲が変わってくるからである。

じつは、これには心理学でいうところの「フレーミング効果」が大きく関係している。

フレーミング効果とは、同じものでも心理的な枠組み（フレーム）によって結果や印象が異なることである。

たとえば、1万円のデジカメが売られていたとする。それが「3割引き」「30％引き」「3000円引き」となっていたら、どれが一番安く感じるだろうか。もちろん、いうまでもなく値引き後の価格はみな同じ7000円である。しかし、ある一定数の人間に同様の質問をすると、「3割引き」と答える人が多いのだという。

ほかにも靴下の値札が「4足1000円」となっているのと「1足250円」とでは、お得感に差が出る。

また、人気の行列店に「100人並んでいた」と「100mの行列ができていた」でも、どちらの数字に驚きを覚えるかは人によって違うだろう。

もちろん、どう感じるかはその人しだいだが、数字にはこうした心理的なカラクリがあるということは覚えておいたほうがいい。

似たような値引き品が並んでいたら、くれぐれも表示に惑わされないよう、落ち着いて「本当の数字」を導き出すクセをつけたいものだ。

「100人に1人タダにします」の裏のウラを読む

〝タダより高いものはない〟という先人のありがたい教えはあるものの、やはり「無料」という言葉には人を引きつけるなにかがある。

たとえば、ある航空会社で「100名に1名の割合で無料航空券進呈」などというキャンペーンを打っていたら、だれもが「おっ」となるのではないだろうか。

宝くじの1等の当選確率が1000万分の1といわれていることを考えると、1000分の1はかなりの高確率だ。航空会社も太っ腹だなとつい感心してしまうところだが、ちょっと冷静に考えるとあることに気づく。

100人に1人がタダということは、つまり1%の人の航空券が無料になるということである。

すなわち、航空会社側にとっては「1%割引き」と変わりないということなのだ。

もちろん、当たりかハズレかの宝くじ感覚でみれば、十分に心弾むキャンペーンではあるが、これならいっそ全員の航空券を3％引きにでもしてもらったほうがよほどうれしいはずである。実際、そのほうが数字的にみてもトクであることは間違いない。

何でもかんでも損得で計るのも夢がないが、裏にある数字の本質を見抜けば、「無料」という言葉にも安易に釣られなくなるかもしれないという話である。

人はどんなときに安いと感じてしまうのか
――「お得感」のナゾ①

「値ごろ」という言葉がある。消費者が「この商品ならだいたいこれくらいの値段だろう」と思っている、おおよその値段のことだ。値ごろのベースになっているのは過去の「経験」であり、それに基づいて値段の基準を決めているということになる。

つまり人は、目の前にある商品そのものが高いか安いかを見ているのではない。あくまでも自分の経験や、ほかの商品との比較から「この商品なら、これくらいの値段が適当だ、ふさわしい」と判断し、「これは高すぎだ」「これはなかなか安い」と感じているわけだ。

そこで売る側としては、この値ごろ感を引っくり返すことで商売をしなければならない。

じつは、そのための工夫はいろいろなところで行われている。

たとえば、5000円の靴があるとする。質やデザインからいって、5000円は妥当な値段である。だれが見ても、まさに「値ごろ」そのものだ。

しかし、もしこの靴を20000円や30000円の靴と並べると「高い」と感じる人もいるだろう。逆に、6000円とか7000円の靴を置いておけば、「安い靴だ」と感じるはずだ。これは、無意識のうちにまわりの靴と値段を比較してしまうからである。

つまり、本来は5000円が「値ごろ」と感じる靴でも、周囲にいくらの靴があるかによってその値ごろ感は簡単にくずれてしまうというわけだ。

また、同じ商品がまったく同じ値段で売られていても、デパートよりスーパーで買ったほうが消費者は「高い」と感じる。

なぜなら、スーパーには消費者に「これは安い」と思わせる商品がたくさんあるからだ。これもまた値ごろ感を壊している一例だといえるのである。

3足1000円の靴下は本当に安い？
――「お得感」のナゾ②

消費者の値ごろ感をくずしてしまう売り手側の工夫はほかにもある。「まとめ売り」が、それである。

たとえばスーパーに行くと、ウインナーソーセージが2袋か3袋まとめて売られているのをよく見かける。あるいは、Tシャツが3枚2000円とか、靴下が3足1000円で売られていることもある。

「1000円札1枚で靴下が3足も買えるなんて安い！」と、つい手が伸びてしまう人もいるだろう。

たしかに一見すると、まとめ売りはかなりお得感がある。しかし、冷静になってよく考えてみてほしい。3足1000円ということは、1足は約333円だ。なるほど安いかもしれないが、探せば300円以下の靴下もないわけではないので思ったほど大きな値引きではない。

じつは、ここにも売り手側の工夫が隠されている。

たいていの消費者は「まとめて買うのだから、当然かなりの値引きをしてあるにちがいない」と思い込んでしまう。しかも、キリのいい値段なので買いやすい。それを見越したうえでの売り方なのだ。

まとめ売りをすれば、一つひとつの値段が見えにくく、安いはずだという先入観があるせいでだれもいちいち計算しようとは思わない。

あくまでも「まとめ売り=安いはず」というイメージを利用した、売り手の戦略だと考えたほうがいいのだ。

わかっていても買ってしまう「端数価格効果」のカラクリ

目の前にある商品が高いか安いかを判断するのはむずかしい。商品の質はもちろん、自分がどれほどそれを必要としているかによって、高い買い物になるか安い買い物になるかは微妙に変わってくるからだ。

とはいえ、「高い」「安い」の判断をする際に、やはり大きなポイントになってくるのは値段設定である。

スーパーや大型家電量販店では、「980円」や「9800円」など、ちょうどピッタリの金額から少しだけ安い値段が多いことに気づく。しかも、ゼロの前の数字が8というものが圧倒的に多い。

そんな値段を見たとき、ほとんどの人は反射的に「お、安い！」と感じるはずだ。じつは、これは数字の魔力である。人間は、1000円や1万円とキリのいい金額をひとつの基準として認識している。そして、これを下回る値段だと基準よりも低い、つまり「安い」と感じるのである。

消費者心理学では、これを「端数価格効果」とか「大台割れ価格の効果」などと呼ぶ。

しかし、それなら1000円から10円を引いて990円にしたほうが売る側は儲けが増えるのではないかと思える。

ただ、この値段設定にも理由があるらしい。

一説によると、日本人は「八」を末広がりで縁起のいい数字だと感じるため、あえて980円にするのだといわれている。

このように値段とは、どうしたら消費者が手を伸ばしてくれるかを考えて設定されているのだ。数字に対する人間の感じ方というのは案外あいまいなものなのかもしれない。

お寿司の「特上」「上」「並」の価格設定に見え隠れする「戦略」とは？

「松」「竹」「梅」や「特上」「上」「並」など、寿司屋や鰻の専門店に行くとメニューが3段階になっていることが多い。

お客の懐事情に合わせて選べるようになっているようにも思えるが、じつはそこには日本人特有の性格に合わせた店側の戦略が隠されている。

日本人の多くは、良くも悪くも他人より目立つのを嫌うといわれる。ひと言でいえば横並び思考で、「ほどほど」なのが一番安心できるのである。つまり、価格が3段階に分かれていると、つい真ん中の価格のものを選んでしまうという人が多いのだ。

店側としては、そんなお客の心理を無視する手はない。そこで、最も売りたい商品を真ん中の価格にするというのが、暗黙のルールになっているのだ。

寿司屋の例でいくと、「特上」「上」「並」のメニューの中で、一番多く注文されるのは真ん中の価格の「上」である。

さすがに「特上」は高いが、せっかく寿司屋に来たのに「並」ではちょっと……というわけで、大勢の人が「上」を注文する。店側もそれを心得ていて、「上」のメニューに利益率の高いものを置いていたりするのだ。

さらに、こんな戦略もある。

どうしても売りたいメニューがあるときは、あえてその上下の価格のメニューを作り、3段階の中からお客に選ばせるのだ。すると、思惑どおりに〝真ん中〟が売れるようになる。

これもまた、価格のトリックなのである。

「カラオケボックス」の利用料金で得する人、損する人の違い

飲み会などの2次会で行く場所で一番人気といえば、やはりカラオケボックスではないだろうか。最近ではプレイルーム仕様の部屋がある店も増えて、ケーキを持ちこんで誕生日パーティーをするなど大勢で楽しめる場所としても人気が高い。

そんなカラオケボックスは全国で約９５００店あまり、ルーム数にして13万４０００室以上が営業している。

とくに繁華街など立地条件のいいエリアには多くの店が集まっていて、店の前に掲げられた「ただいまの時間○分で○○円」という料金表をあちこち見比べて、いったいどこの店がトクなのか迷ってしまうこともあるだろう。

そんなときに便利な計算術がある。

たとえば、ビルの1階にある店は1人当たりの料金が「最初の1時間６００円、30分延長するごとに１００円加算」というシステムだが、一方で10階にある店は

「最初の30分が２００円で、10分延長するごとに１００円加算」となっているとしよう。

このとき、最低1時間は歌うとしてどちらの店が安いかを計算してみたい。

まず、60分以降で10分ごとにどちらが安いか考えてみるのだ。メモがあれば簡単な表を作ってみるといいだろう。

たとえば、1時間ならそれぞれ「６００円」（1階）と「５００円」（10階）からスタートして、70分までなら「７００円」と「６００円」で10階が安い。

さらに、80分なら同額、90分以上いるなら今度は1階の店のほうが安くなる。表を作ってみると、どこが〝分岐点〟なのか見えてくるのである。

「価格の弾力性」を見ると、経済の現実が見えてくる

過剰に生産されてしまったキャベツや白菜などが、無残にもトラクターによって踏み潰されるニュースをテレビで目にしたことはないだろうか。かつては、消費量

の低下によって北海道で１００トンもの生乳が廃棄されたこともあった。

消費者からすればなんとももったいない話だが、こうして廃棄されるにはそれなりの理由がある。

それを解き明かしてくれるのが「価格の弾力性」である。価格の弾力性とは「需要変化率（％）÷価格変化率（％）」で求めることができるもので、キャベツをはじめとする野菜はこの弾力性が「１」以下と小さい商品になる。

価格の弾力性が小さいということは、いくら価格を下げてもその需要が急増するものではないことを意味している。

つまり、値段を下げて出荷しても売れる量は変わらないので、出荷量が増える分だけ出荷費用もかさんでしまい、生産者としてはただ損をするだけになってしまうのだ。

たしかに、どれだけ価格が安くなっても、キャベツや白菜を2倍食べるようになるかというとむずかしいところではある。その結果、出荷せずに商品を破棄するという苦渋の判断を生産者は強いられることになるのだ。

そもそもなぜ「サービス料」は決まって10％なのか

一流といわれるレストランやホテルなどを利用すると、実際の食事代や宿泊料金とは別に「サービス料」として総額の10％に相当する料金が徴収される。サービス料は、なぜ10％なのだろうか。

海外では古くからサービスを受けたときにはチップを渡す習慣がある。戦前は日本でも帝国ホテルなどの高級ホテルの利用客は外国人がほとんどだったため、スタッフはチップを受け取っていた。これがスタッフにとっては実質の給料だったのだ。

ところが戦後、日本人の客が増えてチップの習慣がなくなり、その代わりとして導入されたのが10％のサービス料だった。これが慣例として現在も残っているのである。

このようにサービス料とは日本独自の料金体系だが、多くの日本人観光客が訪れるハワイなどでは、チップの支払いに不慣れな日本人のために最初から代金にサービス料として10％を加算して「チップは不要」とする店も増えている。

お金を2倍に増やすのに何年必要か弾き出す「公式」

現在のような超低金利が続いていると、バブル景気が絶頂期を迎えた平成のはじめには定期預金の金利が８％もあったといわれても、まるで夢物語にしか聞こえないのではないだろうか。

じつは金利が８％あれば、預けた１００万円が倍の２００万円になるのにそれほど時間はかからない。

ある金融商品で元金が倍になるおよその年数は、「72÷金利（％）」という式に当てはめると割り出すことができる。マネー業界ではこれを「72の法則」と呼んでいる。

この式に基づいて計算をしてみると、金利が８％の場合は「72÷8」となり、わずか「約9年」で１００万円の元金が倍の２００万円になってしまうことがわかる。

しかし、現在は状況がかなり違う。ネット銀行などでは高めの金利を設定している場合もあるが、メガバンクなら定期預金の金利は０・００２％程度である。

仮にこれから景気が回復して０・１％になったとしても、元金が2倍になるために必要な期間は「72÷０・１」でおよそ７２０年もかかってしまう。バブル時代と比べると信じられない数字が弾き出されるのである。

ちなみにこの式を組み替えて、金利を知ることも可能だ。たとえば15年で元金を2倍にするためには「72÷15年」で「４・８％」の金利が必要になるというわけだ。

クレジットカード「1回払い」の儲けのカラクリ

少ない人でも1～2枚、多い人なら5枚以上は持っているといわれるクレジットカード。買い物をしたときや飲食代はもちろん、宿泊代に航空券と、いまやカードで支払えないものはほとんどない。ポイントを貯めるために、日用品の細かな買い物まで全部カードでという人も少なくない。

ところでカードを利用する場合、支払方法は1回払いが定番だろう。1回払いなら手数料が無料だからだ。

だが、カード会社の収入源はこの手数料である。月々の支払いを一定額に抑えられるリボ払いにしても、当然この手数料は組み込まれている。とすると、手数料がかからない1回払いではカード会社の儲けはなくなってしまうように見えるが、そうではない。

じつは、1回払いでも手数料は発生しているのだ。それを支払っているのは店側である。

たとえば、3万円の飲食費をカードで支払ったとする。手数料を5％とすると店が負担する額は1500円になり、あらかじめ手数料を引いた2万8500円がカード会社から店に支払われるのである。

つまり、店がカードを使ったお客の肩代わりをしているというわけだ。

これでは店の負担が大きいのではないかと心配になるかもしれない。ただ、「カード利用可」の看板を掲げることで利用客が増えるなら、店にとってはそのほうがメリットがある。

ようするに、「損して得取れ」という方法を選んでいるわけである。

「単利」と「複利」、その違いをひと言で説明できますか

数字は数字でも、とりわけお金にまつわる数字に弱いという人は意外と多い。日ごろの買い物や支払いならまだいいが、預金や利子の話となるととたんにわからなくなる。

お金は増やしたいが、具体的に利子はどのくらい増えるのか想像がつかないから、つい敬遠してしまうのかもしれない。そんな人は、一度具体的な例で考えてみるといいだろう。

まず、預金の金利には「単利」と「複利」の2つがある。単利は1年ごとについた利子をそのまま受け取れるというものだ。一方の複利は利子が元金に組み込まれ、次の期間にはその元金にさらに利子がつく。

もちろん、単利より年を追うごとに元金が増える複利のほうがおトクではあるが、

一般的に「3年以上の定期」とか「満期にならないと受け取れない」などの条件がつくことが多い。

では、実際にどのくらい利子がつくのか。

とりあえず100万円を2年満期、年1％の単利で預けると仮定して計算してみよう。

この場合、100万円×0・01＝1万円が1年分の利子となるので、2年後には2万円の利子がつく。

一方で複利の場合は、1年目の利子を元金に繰り入れての追加投資になるので、2年目は101万円に対して1万100円の利子がついて計102万100円に増える。

3年目以降の利子も元金に繰り入れていくので、預けている期間が長ければ長いほど元金が増えていくのだ。

ただし、利子は収入とみなされて原則的に一律20％ほどの税金がかかる。したがって2万円の利子であれば4000円が税金となり、実際に手に入る額は1万6000円になるというわけだ。

超低金利が当たり前になってしまった銀行預金とはいえ、長期間預ければそれなりに増やせる。少なくとも何もつかないタンス預金よりはメリットはあるのだ。

結局、「株」への投資のリスクとリターンは、どう計算したらいいの?

最近ではネットでも簡単に購入することができるようになったこともあり、以前より株に投資している人が増えている。

ただし、得をすることもあれば損をすることもあるのが投資だ。自分の持ち株が値下がりしてがっくりと肩を落とすことも少なくない。

ところで、そんな値下がりした株をさらに買い増す「ナンピン買い」という方法があるのをご存じだろうか。

「なんで損を増やすようなことを……」と思うかもしれないが、じつはこれには損失の幅を減らす効果があるのだ。

たとえば、ひと株1500円の株を100株購入したところ、それが900円に値下がりしてしまったとする。投資額の40％、つまり6万円の損失だ。

ここで、900円の株をもう100株買い足すとどうなるか。追加の投資は9万円だから、合計24万円の投資で200株を保有していることになる。すると24万円÷200株で、ひと株が1200円になるのである。

損失額の6万円は変わらないものの、下落率が25％に下がったところがポイントだ。

本来ならば1500円になるまで損失が取り戻せなかったのに、ナンピン買いをしたおかげで1200円に値上がりすれば、元は取れることになる。

しかし、ここには数字のトリックがある。下落率は「損失額÷投資額」という計算になるため、投資額が増えれば数字は低くなって当然だ。

だが、株が再び値上がりするという保証はどこにもない。

さらに値下がりすれば投資額が大きくなったぶん、損失額も増えてしまうことにもなるのだ。

となると、やはり将来有望な会社を見極めて株を買うのが、株で儲けるための一番のコツなのかもしれない。

13試合で160万通りの組み合わせになる「ｔｏｔｏ」のナゾ

たとえ自分の母校ではなかったとしても、甲子園に出場している生まれ故郷の高校の試合は不思議と応援したくなるものだ。

あるスポーツ解説者が「スポーツは思い入れがあったほうが見ていてずっと楽しい」と話していたことがあるが、この甲子園の話がまさに論より証拠だ。

ただ見ているよりも、ひいきのプレイヤーやチームに肩入れしたほうがスポーツ観戦は数倍盛り上がるのである。

そう考えると、サッカーくじの「ｔｏｔｏ」も応援したいチームをもつという意味では日本のサッカー振興にひと役買っているといえる。さらには一攫千金の夢も担っているのだから、これをきっかけにサッカーに興味を持った人もいるかもしれない。

だが、そんなｔｏｔｏで大当たりを狙っている人たちには少々、酷な数字がある。

Jリーグの13試合の「勝ち」「負け」「引き分け」の3パターンを予想するこのtotoの組み合わせは313で、じつに159万4323通りにもなるのだ。つまり、1等の当選確率はおよそ160万分の1になる。

万が一、的中した人が出ずに次回に持ちこし（キャリーオーバー）されれば当選金額は最大で数十億円となるだけに夢も膨らむが、そう簡単には当たらないようになっているというのが現実のようである。

そこで、あまり難解にならないよう予想する試合を5試合に絞った「mini toto」も登場しているが、これでも考えられる組み合わせは、まだ243通りもある。

いずれにしても、よほどの幸運に恵まれなければそう簡単に当たるものではないのだ。

ちなみに、「ロト6」は600万分の1、「宝くじ」での当選確率はおよそ1000万分の1になる。

ここまで当てることがむずかしいのならば、いっそ運を天にまかせて鉛筆でも転がしてみるほうがいいのかもしれない。

宝くじの当選確率をめぐる知らないではすまされない話

どうせギャンブルをやるなら、少しでも当たる確率が高いものを選びたいものである。

競馬や競輪では、レースに当たった人が払い戻される金額は売上げの75％と決められている。この払い戻しの割合は「還元率」といい、法律できちんと定められた数字である。

残りの25％はどうなるのかというと、これは〝胴元〟が得る。これがいわゆる「テラ銭」と呼ばれるものだ。

では宝くじはどうかというと、還元率は45～50％である。つまり、半分か場合によっては半分以上がテラ銭となり、ギャンブルとしてはかなり割に合わないということになる。

それでも宝くじを買ったとき、だれもが「当たる見込みはどれくらいあるんだろう」と夢を見るはずだ。

どんなギャンブルにも、掛け金に対して戻ってくる「見込み」の金額を表した数字がある。これを「期待値」という。この期待値をわかりやすく説明するために、たとえば町内のお祭りや商店街のセールで主催者側となってくじ引きをやると仮定しよう。

くじは全部で100本。そのうち、1等3000円が1本、2等1000円が5本、3等500円が20本入っているとする。

この場合、1本のくじを引く料金をいくらにすればいいかを考えてみよう。

賞金として出ていくのは、3000円×1+1000円×5+500円×20＝1万8000円となる。くじは全部で100本だから、1回あたりのくじ引きは、1万8000円÷100＝180円ということになる。

この180円という金額が、1本のくじを引いたときに期待できる賞金の金額、つまり期待値ということになるのだ。

もしも、このくじを1回200円で引いてもらうことにするとどうなるか。この場合のテラ銭は、くじの売上げ2万円から当選金の合計1万8000円を引いた2

000円ということになる。

この計算を宝くじに当てはめて考えてみると、ある年の宝くじの売上げは9135億円だった。このうち、当選金は4284億円（46・9％）で、それ以外は収益金や経費などで、胴元の取り分は約53％ということになる。

買う側にしてみれば、これを損ととるか得ととるかは人それぞれである。ただし、宝くじの収益は社会に還元されていることもお忘れなく。

海外カジノのルーレットを確率で考えてみたら……

日本のカジノ事業が話題になる昨今だが、アメリカのラスベガスや中国のマカオなどではカジノは世界的に有名な観光資源になっている。カジノの街を訪れた旅行客は、一獲千金を夢見て夜な夜なカジノに足を運ぶことになるわけだ。

このカジノで、だれでも気軽に遊べるゲームのひとつにルーレットがある。そのルーレットで最も倍率が高いのが「ストレートアップ」で、ある1つの数字に賭けるというものだ。当たったときの倍率は35倍になる。

ところで、ルーレットには「0」～「36」までの数字しかないヨーロピアンタイプと、これに「00」を加えたアメリカンタイプの2種類がある。

日本人に人気のアメリカンタイプでストレートアップを狙うなら、数字は38通りになるから勝率も38分の1になる。

もし1ドルを賭けて当たった場合には、「1ドル×35」に元金の1ドルを足した36ドルが配当金として戻ってくる。

このとき、もし仮にすべての数字に1ドルずつ置くと、賭け金と配当金の割合は「36÷38＝94・7％」、つまり約5・3％がカジノ側の取り分（控除率）となるのだ。

ちなみに、ヨーロピアンタイプなら「36÷37＝97・3％」となり、カジノ側の取り分は約2・7％となる。

ということは、2種類のルーレット台があるカジノなら、確率的にはヨーロピアンタイプで遊んだほうがわずかながら取り分が多くなる可能性が高いのだ。

4章

意外と大人が答えられない
数字のキホン

「以上」「以下」「未満」の意味、かんたんに説明できますか

日本人でも母国語である日本語はむずかしいと感じることはけっこう多いが、数量を表す日本語表現にも同様のことがいえる。

たとえば、概数を学ぶときに登場する「以上」「以下」「未満」などの表現だ。身近なところでいえば、観光施設や利用ガイドなどで出てくる「65歳以上は無料」「130㎝以下は乗車不可」「18歳未満は利用不可」といった表示だ。

ちょうど、その数字に当てはまる場合、混同しがちなこれらを正しく使うことはできているだろうか。結論からいうと、「以上」と「以下」はその数字を含み、「未満」は含まないと覚えるといい。

たとえば、整数で「100以上」ならば100を含む100、101、102、…となり、「100以下」なら、やはり100を含む100、99、98、…となる。

一方で「100未満」なら100は含まないので、99、98、97、…になる。同様

の表現として「〜から」は以上と同じで、「〜まで」は以下と同じ意味になる。

したがって「5歳以上」「130㎝以下」はどちらもその数字は該当し、「18歳未満」は17歳から下ということになるのだ。

数字を「3桁ずつ」区切るのにはこういう理由があった

数字を横書きにしたとき、それが金額なら「1,000」や「100,000」のようにコンマで3桁ずつ区切って書くのが一般的だ。

たしかに、桁数が多い場合にはずらずらと数字を並べられるより、コンマで区切られていたほうがわかりやすい。

ただ、桁数が多い数を日本語で読もうとすると、どうもこの3桁ずつの区切りが邪魔になる。なぜなら、「万」以上の「億」「兆」「京」などの単位は、すべて4桁ごとに単位が変わっているからだ。それなら4桁ずつ区切ってコンマを打ってもよさそうなものである。

実際、かつての日本には4桁で区切る表記もあったという。それがなぜ3桁表記に変わっていったのだろうか。

じつは、3桁ごとに区切る書き方は英語に由来するものだ。

英語では、千（thousand）の次は100万（million）、その次は10億（billion）のように3桁ごとに単位が変わっていく。簿記や会計の世界ではこの方式に則って、3桁ずつ区切って記帳するのが国際ルールになっている。といっても、必ず3桁表記にしなければならないのは、簿記や会計の書類だけである。

ふつうに数字を使うときには、4桁ごとの単位に基づいた表記をしてもいっこうに差し支えない。そのため、「1億4000万」とか「3万2500」といった表記も見かけるのだ。

「分」と「秒」は、そもそもだれがどうやって決めたのか

人間の生活において時間の概念は欠かせないが、その基本単位である「分」や

「秒」はどうやって決められたのだろうか。

これらは、もともと地球の自転に基づいて算出されている。地球が1回自転する時間を1日として、その24分の1を1時間、1時間の60分の1を1分、さらにその60分の1を1秒と定めてきた。

この「60進法」や「12進法」という考え方は、もともと紀元前2000年ごろにメソポタミア地方に栄えたバビロニアで誕生したものだといわれている。

ところが、地球は太陽の周りを公転しているため、自転をするときにかかる時間が一定ではないことがわかった。

そこで、今では原子の振動数をもとに計測する原子時計を使って1秒という単位を定めているのだ。

この原子時計は1日にわずか100万分の1秒しか誤差が生じないという正確なものだ。

この方法が採用されたのは1967年とそう古い話ではない。この半世紀の間に、時間の概念はわずかながら変わっていたのである。

かけ算に0が出てくると、どうして0になる？

「三つ子の魂百まで」ではないが、小学生のときに暗記した「九九」はいつまでも記憶に残っているものだ。実生活でも大いに役立っているのではないだろうか。

ところで、かけ算のテストでは九九の表にはなかった「0のかけ算」が出題されたことを覚えているだろうか。かけ算の問題に0が出てくると答えはすべて「0」になる。計算をしなくてもいいラッキーな問題と思っていた人も多いはずだ。

だが冷静に考えてみると、なぜ、かけ算は式の中に0があるとすべての答えが0になるのだろうか。

たとえば、「2×3」の場合は2個の3倍だから答えは6となる。だったら、「2×0」の場合も同じで、2個は存在するのだから、0をかけても2個は残るのではないかと考えても不思議ではない。

これは、かけ算のもつ意味を考えると理解しやすい。「2×3」は2個のかたまりが3個あるという意味なので、「2×0」の場合は2個のかたまりが〝0個ある〟という意味になる。

つまり、「2個のかたまりがひとつもない」ということだ。

一方、「0×2」は0個のかたまりが2個あるという意味なので、「もともと何もないものが2個ある」ということになる。いくら、どんな数字をかけたところで、何もないところからは何も出てこないのである。

まだわかっていない値・未知数をxで表す理由

すでにわかっている値を「既知数」、まだわかっていない値を「未知数」というが、未知数にxを使うのはなぜなのだろうか。そもそも、だれが始めたことなのだろうか。

数式にアルファベットを使い始めたのは、フランスの数学者ピエートだといわれる。彼は既知数には子音である「b、c、d、f…」を使い、未知数は母音の「a、 i、u…」を用いていた。

しかし、後にそれをあらためたのが、あの「我思う、ゆえに我あり」の言葉で知られる16世紀のフランスの哲学者デカルトだ。

彼は哲学者としてのイメージが強いが、「私は何よりも数学が好きだ。論拠の確実性と明証性のゆえに」という言葉を残しているように、数学を「絶対的な真理を求める学問」として深く愛し、探求したのだ。

そのデカルトがピエートのやり方をあらためて、さらにわかりやすくした。その結果、既知数にはアルファベットの最初のほうの「a、b、c…」を、未知数には最後ほうの「…x、y、z」を使うようになったのだ。たしかにこのほうが合理的で使いやすい。

その後、デカルトの本を出版する際に、活版印刷の職人の手元に使用頻度の少ない「x」の活字がたくさん残っており、そこで著書の中で「x」を多く使ったことで、世の中に「未知数＝x」が定着したといわれている。

「割合の計算」について、子どもにきちんと説明できますか

割合にまつわる公式は全部で3つある。

まず「割合＝比べる量÷もとにする量」、次に「比べる量＝もとにする量×割合」、そして「もとにする量＝比べる量÷割合」だ。

だが、「比べる量」や「もとにする量」といった表現がイメージしづらく、話をややこしくさせている。これが理由で、どうも割合の計算は苦手だという人もいるはずだ。

しかし、じつはだれでも気がつかないうちに日常生活で似たような計算を行っているのである。

たとえば、「300万円を年利1・1％で運用すると1年後にはいくらになるか」というような資産運用のシミュレーションはごく一般的だ。

これを計算するとき「300万円×1・1％」は「もとにする量×割合」になる。

そうすると、この式で求められる「比べる量」は「利息」ということになる。

こうして身近な例で考えれば、割合の公式はもっと簡単に理解できるのではないだろうか。

かんたんに素数が見つかる「エラトステネスのふるい」

1とその数自身しか約数を持たない数のことを「素数」という。ただし、1は素数に含まれない。

この素数を見つける方法としてよく知られているのが、古代ギリシャの数学者エラトステネスが発見した「エラトステネスのふるい」だ。その名のとおり、数字をふるいにかけて選別していくやり方である。

たとえば、1から50までの中から素数を見つけたい場合を考えてみよう。

まず、1から50の数字をすべて書き出して、そこから2以外の偶数、つまり2の倍数をすべて消していく。次に3以外の3の倍数、5以外の5の倍数、7以外の7

の倍数と同じように消していく。

すると、2、3、5、7、11、13、17、19、23、29、31、37、41、43、47の数になる。

このようにふるいにかければ、どれだけ数字が増えても確実に素数を求めることができるのだ。

巨大な数は「指数」で表すと、スッキリします

買い物などの日常生活で触れる大きな数といえば、千、万、十万、大きな買い物をするときでも一千万がせいぜいだが、もっと大きな数が存在するのはだれしもが知っていることだ。では大きな数をローマ字で書いたとき、とっさに数がわかるだろうか。

地球の人口は約8,000,000,000人、太陽系の恒星の数は約100,000,000,000、右からゼロの数を目や指先で追いながら、「イチ、ジュウ、ヒャク、セン、マン…

秭（じょ）	垓（がい）	京（けい）	兆	億	万	千	百	十	一
10^{24}	10^{20}	10^{16}	10^{12}	10^{8}	10^{4}	10^{3}	10^{2}	10^{1}	10^{0}

数字の単位と指数

…」と数えあげる人が多いだろう。

いちいちそんなことをせずに途方もない大きな数を表すには、「指数」という考え方が便利だ。

指数は簡単にいうと、その数字についている０の数（桁数）を累乗の形で表すものだ。指数で表すと10億は10^{9}、1000億は10^{11}となる。それを利用すると、80億は８×10^{9}と書くことができる。

つまり巨大な数を表すときは、桁数が10の何乗で表されるかを覚えておけば、すっきりと書くことができるのだ。

ちなみに日本で使用されている最も大きな数は無量大数で、10^{68}となる。ローマ数字を使って書こうとすれば、０を68個も並べなければならないが、指数を使って表せばコンパクトになる。

コンピュータの性能が向上し、扱う数の桁も大きくなっている昨今では、指数の考え方は知っておいて損はないだろう。

すい体の「すい」は何を表しているのか

上から見ると丸に見えるが、横から見ると三角に見えるものは何か。クイズでは定番の問題だが、もちろんこの答えは「円すい」である。

ところで、この「すい」とはどういう意味なのか。

円すいや角すい、三角すいなどの「すい体」とは、「平面上の円や多角形の各頂点と平面外の一点とを結んでできる立体」だ。

「すい」は漢字で書くと「錐」になり、道具の「きり」と読むこともできる。そこから転じて〝先の鋭くとがった立体〟という意味になったと考えられる。

これに対応するのが「柱体」で、こちらは「互いに平行な円や多角形の2つの平面を線で結んだ立体」で、文字どおり柱状に見えることからその名がついている。

ちなみに、柱体の体積の求め方は「底面積×高さ」で、錐体は「底面積×高さ÷3」である。

世界共通であの長さが「1メートル」になるまでの経緯

いつも何気なく使っている長さの単位「メートル」だが、もし世界共通のこの単位がなかったら、外国の家具店が日本に進出するのは大変だったにちがいない。なにしろ、自国で使っている長さの単位を、日本の単位である「尺」に変換しなければならなかったかもしれないからだ。

ところで、メートル法が施行されたのは18世紀末のことだ。

それまで世界各地では独自の単位を使っていて、商取引などでは自国の単位に換算する必要があった。そこで、世界共通の長さの単位を定めようとフランスの国会に提案されたのがメートル法だったのだ。

世界共通の長さの単位ということで、その基準単位になる1メートルの定義は「北極から赤道までの子午線の長さの1000万分の1」と定められた。

だが、実際にその長さを測るのはむずかしいので、パリを通っている子午線の10

分の1に相当する長さを測り、それをもとに1メートルの長さを示す「メートル原器」がつくられた。

これがすべてのものさしのモトとなったのである。

しかし、時代とともにさらに正確な基準が求められるようになり、現在では「光が真空中を1秒間に進む距離の2億9979万2458分の1」が1メートルと定められている。

速さと時間と距離の関係をここで改めて確認しよう

20kmの道のりを3時間かけて走った。途中で30分の休憩をはさんだとして、この人は時速何kmで走ったことになるだろうか。

速度を求める公式は、学生時代にさんざん覚えたはずなのに大人になるとつい忘れてしまうものの代表かもしれない。あらためて確認すると、公式は「速さ＝道のり÷時間」である。

そこに冒頭の数字を当てはめると「20㎞÷（3−0・5時間）」になり、「時速8㎞」が正解ということになる。

また、目的地までの道のりを一定の速さで進むと、どれくらいの時間がかかるのかを知りたいときは「時間＝道のり÷速さ」で計算できる。道のりを算出したい場合は、「道のり＝速さ×時間」になる。

ちなみに、このような日常的な速さは時速で表すことがほとんどだが、音や光、ロケットなどの速さは時速で表すと数字が大きくなりすぎてしまうために秒速で表される。

たとえば、光の速度は秒速約30万㎞なので、たった1秒で地球（1周は約4万㎞）を約7周半するという驚異的なスピードになるのである。

1万角形の対角線はいったい何本？

数学の公式は、正しい答えを導き出すうえでなくてはならないものだ。

たとえば、１００角形や1万角形といった、現実には書き表すことがむずかしい図形の対角線の数でさえ、公式に当てはめればすぐに求めることができる。

多角形の対角線の総数を求めるには、「ｎ（ｎ－３）÷２」というきわめて簡単な公式を使うだけでいい。

実際に公式を使って1万角形の対角線を計算してみると、「１００００×９９９７÷２」となるので、対角線の数は「４９９８万５０００本」とはじき出せるのである。

ちなみに、英語では多角形のことを「polygon（ポリゴン）」という。この単語はコンピューターグラフィックスの世界では、立体を描くときに用いる多角形を意味する専門用語になっている。

どんなに多角形でも、外角の和は３６０度になるワケ

図形には内角と外角がある。図形の内側にある角が内角で、１つの角と隣り合う

1辺を延長した外側にできるのが外角だ。

角が増えれば、当然のことながら内角の合計は大きくなる。三角形なら180度、四角形なら360度といった具合である。

となると、外角の合計も増えるのではないかと思えるがそうではない。どんな多角形であっても、外角の合計は必ず360度になるのだ。

これは多角形の内角の和を求める公式で証明することができる。

1つの角における内角と外角の合計は180度になるので、n角形のすべての内角と外角の合計は、

「180度×n」

になる。

この計算から内角の和「180度×(n－2)」を引いた「180度×n－180度×(n－2)」という式の答えが外角の和になる。

実際に数字を当てはめてみるとわかりやすい。

たとえば、三角形ならば「540度－180度」、七角形なら「1260度－900度」という計算になり、いずれも答えは360度になるというわけだ。

ちょっと不思議な「センターラインの公式」とは？

数学では図形の面積を求める公式がいくつもある。苦手な人にとっては、その公式を覚えることがすでに面倒な作業だが、これさえ覚えておけばすべての図形に当てはまるオールマイティな公式がある。それが「センターライン×高さ（幅）」だ。

たとえば、台形の面積を求める公式は「(上底＋下底）×高さ÷2」だが、これを並べ替えて「(上底＋下底）÷2×高さ」とする。この2つの答えは同じである。並べ替えたあとの式で「(上底＋下底）÷2」が表しているのがその図形のセンターラインであり、図形をちょうど二分する線の長さだ。つまり、センターラインの長ささえわかれば「センターライン×高さ（幅）」という考え方で、簡単に面積を求めることができるのだ。

この公式は、三角形やどんなに変則的な図形にでも応用できる。個別の公式を忘れてしまったときの考え方として頭の隅に入れておくと役に立つはずだ。

地図の縮尺のポイント、忘れていませんか？

はじめての場所を訪れる際、地図を頼りにすることも多いだろう。

といっても、地図が実物大のサイズで描かれているわけではないのはご承知のとおりだ。

大きなサイズのものを一定の規則に従って縮小するというのは、「相似」の考え方を応用している。地図の縮尺にもこの相似が活かされているのだ。

たとえば、縮尺が10万分の1に定められている地図の場合は、実寸の10万分の1で描かれている。２㎞の道は「２㎞÷10万」となり、それを㎝に換算すると地図上では「２㎝」となる。

また逆に、20万分の1の縮尺の地図上で３・３㎝の距離があれば、実際の距離は「３・３㎝×20万」で６・６㎞、になるわけだ。

ちなみに、江戸時代に日本ではじめて実測によって描かれた伊能忠敬の日本地図には「小図」「中図」「大図」という3種類があった。そのうち214枚の地図からなる大図は、およそ3万6000分の1の縮尺で日本の国土が細かく描かれている。

摂氏と華氏――覚えておきたい単位の話①

海外旅行に行くことになり、現地の天気や気温を調べようと海外の天気予報サイトをチェックしてみる。すると、予想最高気温に80度や90度と表示されていて「えっ！」と驚くことがある。

わかってはいても一瞬驚いてしまうが、それも当然。この数字は気温を「華氏」で表示したものだ。ふだん、日本人が見慣れているのは、いうまでもなく「摂氏」である。

華氏は考案者であるポーランドの物理学者ファーレンハイトの頭文字をとって「F」、一方、摂氏はスウェーデンの天文学者セルシウスの頭文字をとって「C」で表している。

ところで、華氏と摂氏は簡単な計算では換算することができない。そのため、「華氏100度は摂氏の37・8度」とか、「華氏68度は摂氏20度」などと目安になる温度をいくつか覚えておくしかない。

日本で正式に摂氏を採用するようになったのは、1882(明治15)年という記録が気象庁に残されている。

それまでは専門家の間では摂氏も華氏も両方使われていたようだが、華氏では数字が大きくなってしまうといった理由から摂氏を採用したということだ。

マイクロ、ナノ、ピコ――覚えておきたい単位の話②

ミリよりも小さい単位であるマイクロ、ナノ、ピコ。だれもが聞いたことはあるはずだ。

しかし「1マイクロと1ナノと1ピコ、どれが最も小さいか?」と質問されてすぐに答えられる人はそう多くはないだろう。

どこかで聞いたことはある単位だが、しかし実際にはどれくらいなのかはあまり知られていない。

単純に並べてみれば、1ミリの1000分の1が1マイクロメートル、その1000分の1が1ナノメートル、さらにその1000分の1が1ピコメートルということになる。

これらは「国際単位系」で定められた国際的な単位である。「国際単位系」では「メートル」などの長さだけでなく、「キログラム」や「秒」などの基本単位も定められている。

マイクロもナノもピコも日常生活のなかではほとんど実感することはないが、しかしさまざまな工業製品で活かされているし、たとえば「ナノテクノロジーを活かしたヘアドライヤー」といった言葉からもわかるように、身近なところですでに活用されているのだ。

ピコの先には、さらにフェムト、アト、ゼプト、ヨクト……と続く。こうなるともう想像もつかないミクロの世界の話になるが、これらの単位が科学技術に反映され、日常生活に登場する時代もやがて到来するにちがいない。

そもそも、「不快指数」はどうやって計算しているのか

毎年、梅雨から夏にかけて天気予報で盛んに使われるのが「不快指数」である。この指数は、もともとアメリカで考案されたもので、気温と湿度の変化によって人が感じる不快度を数値化している。数値が高くなればなるほど「蒸し暑い」とか「不快だ」と感じる人が増えるようになる。

さて、アメリカでは不快指数が「75」を超えると半数の人が不快に感じるといわれているが、同じ数値でも日本では約1割の人しか不快に感じないというデータがある。もともと高温多湿の日本のほうが、湿気に対する許容範囲が広いのかもしれない。

ところが、これが「77」を示すと、日本でも約65％の人が不快に感じるという。また、気温と湿度が同じ環境にあっても風が吹いていれば不快に感じなくなるということもあるから、何とも微妙なものである。

ちなみに、この不快指数は「0・81×気温＋0・01×湿度×（0・99×温度－14・3）＋46・3」という計算式で算出されている。

「降水確率」で考える傘を持つかどうかの判断基準

朝起きたら必ずチェックするというのが天気予報だ。

なかでも、雲行きが怪しいときに傘を持って行くかどうかの指標になるのが「降水確率」だろう。

傘が必要かどうかの判断基準は、自分が置かれたその日の状況によって違うのかもしれないが、根拠がある数字的な指標はあるのだろうか。

そもそも天気予報においての降水には、「ある地域で一定時間の間に1時間で1平方メートル当たり1ミリ以上の雨が降る」という定義がある。

体感としては短時間なら傘をささなくてもそれほど気にならない程度の雨かもしれないが、降り続けば地面は濡れて小さな水たまりもできる。この基準に満たない雨の場合は、降水とみなされないことも頭に入れておきたい。

降水確率は、過去の気象条件に基づいたデータを参考にして、同じような条件下で100回予報を出したうち、どれくらいの回数で雨が降るかを表していると考えればわかりやすい。

たとえば、降水確率70パーセントといえば、過去の予報で100回のうち70回雨が降り、30回は降らなかったという意味だ。

つまり、「東京の午前9時から正午までの降水確率が70パーセント」という予報が意味するのは、「過去の同じような気象条件下の東京で、午前9時から正午までの3時間の間に1時間1ミリ以上の雨が100回降水の予報を出したうち、70回は本当に降りました」ということなのだ。

この条件を踏まえて考えると、万人に当てはめられる基準はないものの、100回に10回の降水実績でもリスクをとりたくないなら折り畳み傘を持って行くべきだし、100回に90回の降水実績でも残りの10回にかけようという場合は持たずに出かければいいことになる。

知っているようで知らない「エンゲル係数」のキホン

駅前で「新規オープンしました！　ただいま10％オフのクーポンをお配りしています！」という威勢のいい声につられて、つい居酒屋やレストランのクーポンを受け取ってしまうことがある。

すると、ついさっきまで「冷蔵庫に野菜があったはずだから……」などと考えていた今晩の献立は一瞬で頭から吹き飛び、「今日はなんだか疲れたし、ちょっと食べて帰ろうか」と、予定外の外食をしてしまうことになったりする。

もちろん、たまにはこんな日があってもいいが、週に何度もこんなことを繰り返していると、毎月の食費はどんどん膨らんでしまう。

そこで、我が家の毎月の食費が適正かどうかを確認するためにもチェックしたいのが「エンゲル係数」である。エンゲル係数とは、ドイツの社会学者エルンスト・エンゲルが19世紀の中ごろに提唱した「家計の消費支出に占める飲食費の割合」のことで、理想とされる数値は20％といわれている。

果たして自分の家計はどうなっているのか、「食料費÷消費支出×100」という簡単な計算で求められるのでさっそく計算してみよう。

この「食料費」には家庭で食事をつくったときにかかる費用はもちろん、冒頭のような外食や会社の同僚との飲み会などすべて合算する。

また「消費支出」とはひと月で、実際に使ったお金の合計のことだが、これらをもとにはじき出したエンゲル係数は20％くらいが目安とされている。

収入が少ないほどエンゲル係数は高くなるといわれていて、日本でも戦後は平均で60％を超える数値を示していた時期があった。ちなみに、令和3（2021）年は対前年比で0・3ポイント減少し、27・2％だった。

「日本で一番大きい数字」と「日本で一番小さい数字」の話

最も大きな数はいったいどれくらいなのだろうか。

逆に、最も小さい数は……。

一度考え出すと眠れなくなってしまいそうなテーマだが、ここでは漢字で表現されている最も大きな数の概念を紹介しておこう。

日本で一般的に使われている位といえば、「万」や「億」「兆」だが、そのあとにも「京」「垓」「秭」「穣」「溝」…と続き、最も大きいのは古代インドの仏教用語に由来する「無量大数」だ。

無量大数は、アラビア数字に直すと10の68乗とも88乗ともいわれており、この位がはじめて登場したのは、17世紀に書かれた『塵劫記』という数学書だ。

17世紀というと江戸幕府では第3代将軍である徳川家光が権勢をふるい、春日局が大奥をかっ歩していた時代のことだから、この書を記した和算家の吉田光由という人物がどれほど近代的な頭脳を持ち合わせていたのかがうかがい知れる。

一方で、無量大数の反対に最も小さな数とされているのが「浄」である。これは10のマイナス23乗といわれている。

5章

起きてから寝るまで、物事はまず数字で考えよ

飛行機のチケット予約で、カギを握っている「数字」とは?

飛行機を利用しようと思ったら必要となるのがチケットの予約だ。

電車のように、乗る直前に空港で券売機から購入するというシステムはなく、最低でも1時間前に旅行会社や航空会社の窓口やオンラインで予約する必要がある。電車と違って、飛行機は機体の重量を厳格に管理しなければならないのがその理由だ。

重さによってフライトに必要な燃料が変わってくるし、極端にいうと機体の片側に乗客が偏ったら、フライトに支障が出る事態になりかねない。そのため、手荷物や機内に預ける荷物の重量はもちろん、乗客一人一人の体重まであらかじめ計算してチケットが売られるのである。

国土交通省の航空局から出されている規定によれば、乗客は大人の男性が74kg、女性は58kg(冬は59kg)、子どもは32kgで概算する。これは一般的な乗客の場合で、力士など明らかな例外はその都度対応するのだという。

機体の重さが燃費に影響するのは自動車も同じだが、飛行機の燃料はケタ違いの量だ。仮に座席数が350席程度の機体の場合、1時間のフライトに必要な燃料は9000リットル以上になる。

それを目的地までの距離と所要時間、不測の事態で滞空が必要になった場合の予備などを計算して積載量を決定するのである。

飛行機の座席には当然客が座るので、満席とガラガラの便では、同じ機体と目的地でも必要な燃料が違ってくる。

もし、ガラガラの座席がフライト直前に満席になってしまったら、機体の重量が増加するので燃料の計算が狂ってしまう。そのためにチケットの管理は厳格に行われているのだ。

手荷物やスーツケースの重量を順守するのは安全なフライトに欠かせない。空港で重量オーバーの荷物を前に途方にくれないために今一度心しておきたいマナーである。

くしゃみ、歯磨き、トイレ……行動とカロリー消費の関係からわかること

アレルギー反応や風邪をひいたとき、あるいはほこりっぽいところやまぶしい光を見たときなど、反射的に「ハクション！」となるのがくしゃみだ。くしゃみとは、鼻やのどに異物が侵入したり刺激を受けた際に起きる反射反応である。

一瞬の動作なので、あまり意識することはないかもしれないが、くしゃみをするときには筋肉が大きく動く。瞬間的に運動しているともいえるのだ。

くしゃみを1回するときに消費するのは、およそ4キロカロリーだとされている。花粉の季節で1日中くしゃみをしているという人は、塵も積もれば山となって、それなりのカロリー消費になっているといえるだろう。こう考えれば、つらい花粉症も少しはましになるかもしれない。

日常生活のなかでのささいな動作も、カロリー消費という観点で見るとじつに興味深い。

たとえば、立ち上がる＝10キロカロリー、歩く＝1分で1〜2キロカロリー、トイレに行く＝10キロカロリー、歯を磨く＝5キロカロリーといった具合だ。

もちろん、これらの数字はあくまでも目安に過ぎないが、一日中、家の中でゴロゴロ過ごしてしまったと思った日でも小さなカロリー消費が積み重なれば、それなりに運動していることになるのだ。

忙しい毎日のなかで、ときには自分の体と心を休めることも重要だ。くしゃみをしたり咳ばらいをしたり、立ち上がってトイレに行くだけでも、「カロリーを消費している」と考えれば、のんびり過ごしても罪悪感にとらわれないかもしれない。

ランダムに並ぶ数字を大量に暗記するちょっとしたコツ

人間が一度に覚えられる数字の数は一般的に7個程度だという。これを大幅に増加させるのが、古代ギリシアで発見された記憶術で、「記憶の宮殿」とか「場所法」「メモリーパレス」などさまざまな名前で呼ばれている。

この方法は、記憶するものと場所を結びつけて記憶する方法だ。まず、ランダムな14桁の数字を挙げてみよう。

28794081657329

何の規則性もないこの数字を正確に覚えるのはむずかしい。そこで、ひとつずつ、身近な場所に関連づけて覚えるのだ。たとえば、毎日歩いて通う駅までの道筋を思い浮かべる。

家の玄関で「2」がドアに貼ってある。家を出て最初に見える電信柱にペンキで「8」と書いてある。そのまま進んで渡る横断歩道に「7」、渡った先の駐車場の入り口に「9」、その先のコンビニの看板に「4」といったように、駅までのポイントに数字を関連させていく。

かえって手間がかかるように思えるかもしれないが、慣れてくれば確実にマスターできる記憶法で、記憶できる容量が格段にアップする。まず頭の中で定期的に数字と場所を連動させて、スムーズに思い出せるように訓練してみよう。

場所と連動させるものを数字ではなく物にして、それをキーワードにして数字やできごとを連想させるようにすれば、さらに複雑な記憶の宮殿をつくりあげることも可能だ。記憶力に自信がない人ほど試してほしいテクニックである。

日常生活に取り入れやすい美の基準値「白銀比」って何？

美しいものを見たときにそれを「美しい」と感じるのは、美的センスや感性という数値では測れない基準によるところも大きい。一方で、人間が美を感じるとき、そこには数学が深く関わっている。

有名なのはエジプトのピラミッドで、その外観は底辺の半分の長さと斜面の高さの比が1：1・618となっている。

これは「黄金比」と呼ばれ、レオナルドダヴィンチのモナリザ、ミロのヴィーナス、ギリシアのパルテノン神殿、パリの凱旋門などの歴史に名を残す有名な芸術作品に多く用いられている構成だ。

一方で、実用的で現代的な美しさを表すものとして覚えておきたいのが、「白銀比」だ。黄金比と比べると広く知られているとはいえないが、日常生活のなかでも見られる身近なものなのだ。

たとえば、2012年5月22日にオープンした東京スカイツリーは、またたく間に東京の観光名所になった。第2展望台までの高さは448メートル、タワー全体の高さは634メートルで、これを比に直すとおよそ1：1・414となるのだ。この数字が白銀比で、1：$\sqrt{2}$とも表される。

また、日常生活のなかで身近な例といえば、コピー用紙だ。A判、B判それぞれが、半分に折ればひとつ下のサイズになる。A4を半分に折ればA5、B5を半分に折ればB6だ。その縦横の比はすべて白銀比である1：1・414になっているのだ。

正方形の折り紙を半分に折ってできた二等辺三角形の斜辺と底辺も白銀比となり、生活のなかに白銀比はあふれているといえるだろう。

実用的なもののなかに調和を生み出すといえる白銀比は、とくに日本人が好むバランスともいわれ、一般家庭でも家具や雑貨の配置、写真や表の構図、ウェブサイトなどのレイアウトなど、さまざまな場面で活かすことができる。

縦と横の比を少し意識するだけで安定感が生まれて、驚くほど印象が変わるのでぜひ試してみてほしい。

数字で考えたら、「世界はせまい」をこんなふうに実感できる

SNSの画面上では、遠い国に住むあかの他人であっても、挨拶をしたり、お互いの意見を交換したりすることができる。インターネットは人類から距離をなくし、世界がひとつになったかのように感じる人も多いだろう。

しかし、いくらSNSでつながったとしても、現実に遠方の人と会って知り合いになれるわけではない。たとえば遠い国に住むAさんとBさんがいるとして、彼らはおそらく実際に出会うことは一生ないだろう。

しかし、Aさんの友達、その友達、さらにその友達……というように、「友達の輪」をたどっていけば、AさんとBさんはいずれはつながる可能性はないわけではない。

では、その友達の輪を何回繰り返せば2人はつながるだろうか。

多くの人は何十回も繰り返す必要があると思うかもしれない。世界は広いし、世界の人口は80億人を超えているのだから、そう考えるのも無理はない。

ところが、計算上は5人の仲介者がいればAさんとBさんはつながるのである。Aさんから始まった友達の輪は、意外にも7回目でBさんにたどり着く。その間は6つなので、この法則を「6次のへだたり」という。

どんな人にも、平均して44人の知り合いがいるとされる。これをもとに6回分の知り合いを掛け合わせると、44人の6乗＝72億5631万3856人となる。つまり、友達の輪を6回繰り返すことで、ほぼ世界中の人たちとつながる可能性があるのだ。

これを最初に提唱したのは、アメリカの社会心理学者スタンリー・ミルグラムである。世界の人々は意外と簡単につながる、世界は思ったよりも小さいという意味で、この法則はスモールワールドを表しているともいわれている。

なお、いまやネット社会になり、ミルグラム博士が予期しなかった世界になった。かつて「6次のへだたり」といわれた法則は、今では「3・5次のへだたり」と主張する人もいる。世界がますます小さくなっているのは間違いないようだ。

電卓と電話の数字の配列はどうして逆なの？

今はスマートフォンが1台あれば電話も電卓もいらない時代だが、しかしオフィスなどではそのどちらもそれぞれが独立した機器として日常的に使われている。毎日、違和感なく指先で数字を押している人は多いはずだ。

ところで、電話と電卓とでは数字の配列が異なっていることにお気づきだろうか。電話は左上から1、2、3と横に並び、2列目が4、5、6、そして3列目が7、8、9となっている。そして4列目の真ん中が0だ。

ところが電卓は、一番下の3列目の左端から横に1、2、3が並び、すぐ上の2列目が4、5、6、そして一番上の列が7、8、9となっている。

つまり、電話は左上から数字の1が始まるが、電卓は左下から1が始まるということだ。

それにしてもなぜ、数字の並び方が異なるのだろうか。電話は、目で見たときに自然に見える配列ということで、この並び方になっている。世界のほとんどの言語は左上から右下に向かって文字を書き進めていく。

だから、数字の配列も左上から右下に向かって並んでいると何の違和感もなく目に映る。電話には、その自然な配列が活かされているのである。

なんといっても電話番号は正しく押すことが大切だし、場合によってはメモなどを横目で見ながら押すこともある。そう考えると、文字や文章を書くときと同じように配列されているほうが見やすくて便利なのである。

一方、電卓の場合は、使いやすさを最優先で考えられている。最も使用頻度の高い0は、最も押しやすい一番下の真ん中（もしくは左下）にしてある。

そして、計算などで使用頻度の高い1は、0に近い場所にあったほうが便利なので下の列に置かれている。そこを起点にして上に向かって並んでいるのである。

じつは電卓が登場したとき、数字の並び方はいろいろあった。ところが「最も指を動かしやすく、使いやすい」という理由で淘汰されていき、現在の並び方が残ったのである。

折り紙を何回折ったら月まで届くかご存知ですか

紙にも厚みがある。どんな紙でも、ふたつに折れば厚みは2倍になる。２回折れば4倍だ。折るたびに紙は厚くなっていく。

では、何回折れば地球から月まで届くだろうか。

もちろん、実際にそんなことは不可能なのだが、巨大な紙を何度も折りたたむ様子を想像しながら考えてほしい。といっても地球と月はかなり離れている。数千回、あるいは数万回か、もっと折り続けなければ到達しないような気がする。

ところが計算してみると、意外と少なくてもすむことがわかる。じつは、紙を43回折ると月に届くのである。

地球から月までの距離はおよそ38万キロメートルである。

一般的なコピー用紙と同じ上質紙の四六判55kgの紙厚は、０・０８ミリメートルである。だから、二つ折にすると2倍の０・１６ミリメートルで、さらに二つ折すると0・32ミリメートルになる。

これを続けていくと、42回目で、すでに厚さは約35万キロメートルになる。

つまり、さらに1回折れば70万キロメートルになるので、月まで届くどころか、あっという間に月を超えることになる。試せるものなら試してみたいものだ。

「東京ドーム何個分」で本当の広さをイメージする方法

広い場所のことを表現するのに、よく「東京ドーム何個分」という言い方をする。たとえば「東京ドーム10個分」と聞くと、いかにも広大な場所を思い浮かべる。

しかしよく考えてみれば、東京ドームを実際に見たことがある人よりも見たことがない人のほうがはるかに多いし、見たことがあっても、どれくらいの広さなのかを知っている人はほとんどいないだろう。

しかしそれでもやはり、「東京ドーム○個分」という言い方は一般的だ。実際の東京ドームの面積は約4万6755平方メートルで、坪数でいうと1万4168坪になる。この数字を見るとたしかに東京ドームは広い。

ちなみに、東京ディズニーランドは東京ドーム約11個分の広さを持ち、大阪のユニバーサルスタジオジャパンにしても約9個分の広さがある。こんなふうに表現すると、東京ドームがひとつの「単位」であるかのように、とてもわかりやすい基準だということも理解できる。

それにしても、なぜ東京ドームなのだろうか。

これは、昔からの習慣ではないかといわれている。東京ドームができる前、その場所には後楽園球場があった。

当時は今よりも野球人気が高く、庶民にとって後楽園球場はとても身近な存在だった。

そのころから「後楽園球場○個分」というように、広さの目安として使われていたのだ。その名残が、今の「東京ドーム○個分」になったといわれる。

ところで、同じように海外にも広さの基準になるものがあるかというと、外国ではあまりこういう言い方はしない。実在する特定の建造物で広さを表すのは日本独特の習慣なのである。

高速道路の渋滞の長さは、どこからどこまでのこと？

テレビやラジオでは1日に何度か「東名高速、日本坂トンネル付近、渋滞2キロ」といった道路交通情報が流れる。

ドライバーにとっては貴重な情報だが、よく考えてみれば渋滞とはどこからどこまでのことをさしているのだろうか。どんな状態になれば渋滞と判断されるのか、説明できる人は少ないかもしれない。

NEXCO中日本・東日本・西日本の高速道路では、「時速40キロメートル以上で低速走行、あるいは停止発進を繰り返す車列が1キロメートル以上かつ15分以上継続した状態」のことを渋滞という。

またJARTIC（日本道路交通情報センター）が道路情報として渋滞表示を行う基準は、高速道路の場合、時速40キロメートル以下の速度となっているときをいう。

もともと高速道路は最低速度が時速50キロメートルなので、その最低速度も出せないくらいの混み具合であれば、間違いなく渋滞なのである。

さらにＪＡＲＴＩＣの基準では、都市高速では時速20〜40キロメートルが「混雑」で、時速20キロメートル以下が「渋滞」となる。

また、一般道では時速10〜20キロメートルが「混雑」になり、時速10キロメートルが「渋滞」と見なされる。

たとえば「高速道路が渋滞で、一般道が混雑」という情報を聞くと、一般道のほうが少しは流れているように思えるが、そうとも限らないのである。

渋滞の長さについては、速度が遅くなり始めたあたりから、本来の速さに戻ったあたりまでのおよその距離ということになる。

とはいえ、ドライバーというのはちょっとした道路の勾配によってもブレーキを踏んだり、前の車との車間距離によっては無意識に速度を落とすものである。だから、必ずしも「ここからが渋滞の始まり」という明確なきまりがあるわけではないのだ。

三角定規とコンパスの歴史から考えるその"使い道"

正五角形を描いてほしい。ただし、使える道具は２つ――。

こんな問題を出されたら、あなたはどうするだろうか。定規は必須だとして、あとひとつの道具は何かと頭をひねってしまうにちがいない。

答えは定規とコンパスである。この２つを使って正五角形を描くことができるのだ。

最初に任意の一辺の線を引いて、その辺の真ん中に垂直に１本の線を引き、それをもとに各頂点の位置をコンパスで割り出していくのである。

じつはこの作図の方法は、紀元前３００年ごろにギリシャで活躍した数学者ユークリッドの著書『原論』に載っている。つまり、コンパスは古代ギリシャ時代にはすでに作図の道具として使われていたのだ。

三角定規も同じ時代には学校の教材として使われていたというから、どちらもその歴史はかれこれ2300年以上ということになる。

ロンドンの大英博物館は、古代ローマ時代の三角定規やコンパスを所蔵しているが、その形や機能は現代のものとほとんど変わらない。

このような小さな製図器と算数や理科の理論を使って、アテネやローマの巨大な建造物がつくられたのかと思うと感慨深いものがある。

ヒットの流れを一瞬でつかむ「S字カーブの法則」とは？

いまやスマートフォンやパソコンはだれもが持っているが、それらが市場に登場したころはまだ値段も高かったため、ごく一部の人にしか受け入れられなかった。

ところで、こうした新商品が一般に普及していく過程をグラフに表すと右肩上がりの直線にはならない。最初はゆるやかに、そしてある時点から急激に右肩上がりになり、再びゆるやかな曲線に戻るS字カーブを描くのだ。

最初に〝未知の商品〟を買うのは「イノベーター」と呼ばれる2・5％の人たち

で、次に自分の判断で購入を決めることができる「オピニオンリーダー」が続く。彼らは全体の13・5％だ。

このあと、「アーリーマジョリティ」（34％）、「レイトマジョリティ」（34％）と世の中の流れを見て購入する層へと広がり、最後に「ラガード」（16％）に普及する。ラガードは新しいものの購入にかなり慎重な人だといえるだろう。

このような購入者の分布を時間に沿って見ると、きれいなベルカーブ（鐘形曲線）になる。これを商品が普及していく累積度数分布曲線にすると、S字カーブが現れるのだ。

S字が急に右上がりになるのは、イノベーターとオピニオンリーダーを足した16％のラインである。つまり、オピニオンリーダーを取り込めるかどうかが普及のカギとなるわけで、これを「普及率16％の論理」と呼ぶ。

ただし、次のアーリーマジョリティを獲得できなければ、大ヒット商品とはならない。S字カーブが最も大きく成長するのは、じつはこの時期だからである。

それぞれのステージにいる人々が求めるものは異なってくる。初期はどちらかといえばマニアックな人たちが多い。

しかしアーリーマジョリティは、商品に対する信頼やコストパフォーマンスを重視する。このあたりの価値観をうまく見極めた商品を開発すれば、きれいなS字カーブを描いた普及が見込めるのである。

降水量ゼロ、風力ゼロ、その「ゼロ」が意味するのは？

「ゼロ」と聞くと、そこには何も存在していない状態であると考えるのが当然だ。ところが、私たちがふだんよく耳にする数字で、正確にはゼロではないにもかかわらず「ゼロ」と公式に発表されているものがあることに気づいているだろうか。

それは降水量を示す数値である。

たとえば、「降水量ゼロ」というのは、機械で感知できない程度には雨が降る状態をさしている。

しかし、まったく雨が降らなかったときには「降水量なし」という表現になる。

一方で、風の強さを示す「風力」では、「風力ゼロ」はまったく風が吹いていない状態を示している。

ところで、ゼロの概念はインドで発見されたといわれており、ゼロを意味する「0」の記号はすでに6世紀頃のインドの書物に登場している。

人類がゼロという概念と関わるようになってじつに1400年以上もの歳月が流れているのだ。

運転免許証の12桁の数字には、どんな意味があるのか

はじめて取得したときは、うれしくて何度も眺めた運転免許証も、何度か更新しているうちにほとんど見なくなったという人も多いのではないだろうか。

日本では2007年から段階的にICカード式の運転免許証が導入されていて、それ以降に免許証を更新した人は免許証から本籍地の記載がなくなっているなど、少しずつ変化も見られる。

さて、そんな免許証にはさまざまな数字が並んでいる。とくに有効期限の下に記

載されている12桁の数字はけっしてランダムな数字ではなく、さまざまな情報が隠されているのだ。

この12桁の数字のうち、最初の2桁ははじめて免許証の交付を受けた都道府県の番号を表す。東京なら「30」、大阪は「62」、沖縄なら「97」という具合だ。次の2桁は、やはり最初に免許を取得した年の西暦の下2桁を表している。

次いで偽造防止のための数字などが並び、最後の1桁は紛失などに伴う再交付の回数で、1度も再交付を受けていない人は「0」になる。

運転免許証はあなたのドライバーとしてのさまざまな歴史を物語っているのである。

「ゴンペルッ曲線」から考える不可思議な恋愛法則

どんなに愛し合い心が通じ合っている恋人同士でも、やはり他人は他人である。つき合いが深くなるにつれ、意見が合わないことや価値観の相違が表面化してくると当然喧嘩も増えていき、こんなはずではなかったのに……とため息もつきたくなることもあるだろう。

このような恋愛の理想と現実のギャップに直面しているとき、もしそのつらい時期の終わりがあらかじめわかっていたら、ぐっと踏ん張って耐えることができるかもしれない。

そこで役に立つのが、コンピューター業界ではおなじみの「ゴンペルツ曲線」だ。システム開発の現場で、ソフトなどの不具合（バグ）の出方を示す曲線のことで、ゴンペルツ曲線の形は左右対称的な山形を描いている。バグが急激に増加する地点が曲線の真ん中になり、そして真ん中を境に時間が進むにつれてバグは減少していく。

これを恋人同士の場合に置き換えて喧嘩をバグと考えてみると、最初は少なかったバグが徐々に増加していき、ある期間がくると急激に増加する。

恋人同士のバグというのは、たとえば2人が同じことに取り組んでいるときに顕著に表れるものではないだろうか。海外旅行や結婚など、その目標が大きければ大きいほど意見のぶつかり合いも激しくなる。

ゴンペルツ曲線に照らせば、バグが最高値に達したときは大変な時期の真ん中にきている。つまり、喧嘩の数が急激に増えて最高潮に達したら、そこを乗り切れば事態は改善していくはずということなのだ。

顔を合わせれば喧嘩ばかり、でもそういえばその回数が少し減ったかなと思ったら状況は快方に向かっている証拠かもしれない。喧嘩というバグを乗り切って、問題に対処していくことで2人の絆はさらに強く結ばれるだろう。

ただし、いつまでたってもいっこうに喧嘩が減らないのなら、残念ながら2人の組み合わせに問題があることも考えられる。この際、思い切って〝ソフト〟を交換して別の組み合わせを模索してみるのも手なのかもしれない。

座席を2席予約しても、飛行機代が2倍にならないケースとは？

ある力士がこんな話をしていた。

「自分は映画が大好きだが、ほとんど自分の部屋でＤＶＤで観る。なぜなら、映画館の椅子は小さくて窮屈だし、後ろの人にも迷惑だから」。

映画なら映画館に行かなくても自分の家にあるDVDや、オンラインビデオサービスなどで観るという方法があるが、そうもいかないのが飛行機だ。相撲は海外巡業などがあるため飛行機に乗ることは避けられないのだ。

そんなとき、他人事ながら心配になるのが力士が座る座席だ。ファーストクラスならまだしも、エコノミークラスの座席では力士にはどう考えても小さい。なかにはひとりで2席を使う力士も出てくる。

では、その場合、航空運賃はどうなっているのだろうか。当然、2席分を払うと思う人が多いだろう。

ところが、実際はそうではない。2席を使う場合の料金は1人＋0・5人、つまり1・5人分というのが原則になっている。

これは、力士のように1席では窮屈なのでやむを得ず2席を使うような場合だけでなく、たとえば病人を寝かせるために2席使ったり、大切な楽器や道具などのために1席使う場合も同じだ。

航空運賃は座席の使用料と考えれば、2席使う場合、2人分の運賃を払うのが当然だという考え方も成り立つ。

しかし、航空運賃にはサービス料なども含まれている。そう考えれば、サービスを受ける人間があくまでも1人である以上は、2席＝1・5人分の料金というのも納得がいくだろう。

日本での「メートル法」の普及に一役買った意外な人物とは？

薪を背負って歩きながら本を読む子供の銅像といえば、「二宮金次郎」の像をおいてほかにはないだろう。学校などで目にしたことがあるという人も多いはずだ。

貧困のなかで幼少期を過ごした二宮金次郎は、仕事に行き来する間くらいしか本を読む時間がないほどの忙しさだった。その勤勉さの象徴として、昭和時代の小学校のなかには二宮金次郎像を設置しているところがあった。

ところで、この銅像が製作されるに至ったおもしろい話がある。

じつは、この二宮金次郎像の背丈はおよそ1メートルなのだ。一尺、二尺という

「尺貫法」が一般的だった19世紀末の日本で、当時世界共通の単位となりつつあった「メートル法」を全国に広めるために、1メートルを表すものとして造られたというのだ。

ちなみに、当時は約1000体の銅像が全国の小学校に置かれたといわれている。

結局、戦時中の供出によって当時の銅像はすべて取り壊されてしまったのだが、新しい単位を普及させるために銅像を使ったという話が本当なら粋なアイデアである。

不振が続く3割バッターが、次の打席でヒットを打つ確率は?

野球好きの人なら、ひいきのチームの好きな選手の打率は気になるところだろうが、打率も確率のひとつである。

たとえば、ある選手の打率が、あるシーズンで3割3分3厘だったとしよう。

この数字を見れば、だれもがこの選手は3回に1回はヒットを打っていると考える。9打席なら3本のヒットという計算になる。

ところが、9打席連続で彼がヒットを打っていないとしよう。そろそろ痛烈な1打を見たいというのがファン心理だが、次の打席ではヒットを期待できるのだろうか。

打率をもとに考えれば、9打席も打っていないのだからそろそろ打ちそうだ、という気がする。しかし、果たしてその考え方で正しいのだろうか。

もちろん、このところヒットに無縁の選手であれば、なんとしてでも打ってやろうといつも以上に意気込んで打席に入るかもしれない。その意気込みが大きければ、十分にヒットを期待できる。

しかし、たとえ大打者であっても人間である。不振が続けば心のどこかに弱気な気持ちが生まれるかもしれない。そうなると、10打席目も期待できなくなる。野球選手の打率には、数字以外の要素も複雑にからんでくるので、単純に確率だけで次の打席を予想することはむずかしいのだ。

しかし、単純に数学的な考え方では、3割3分3厘の選手が次の打席でヒットを打つ確率は、やはり3割3分3厘である。何打席目であろうと、また、前の打席にヒットを打っていてもいなくても、それは変わらない。それが確率の考え方なのである。

よく「3割バッター」といういい方をすることがあるが、あれは3打席に1度は必ずヒットを打つという意味ではない。3割バッターが10打席連続でヒットを打つこともあるし、10打席連続で三振をすることもある。

しかし、それでもヒットを打つ確率は、どの打席も3割ということなのだ。

トーナメント戦で勝ち上がる可能性を、試合数から検証する

どんな競技でも、勝ち抜きのトーナメント戦は総当たり戦よりもわくわくするものだ。いかにも「頂点を極める」という感じがして、1戦1戦を追いたくなる。

さて、草野球チームが集まってトーナメント戦を開催することが決まったとしよう。ただし予算の都合で、借りることができるグランドはたったひとつしかない。

参加するのは21チームで、優勝が決まるまでの試合数がわからなければ、グラン

ドを借りるための予算が組めない。

しかし、21チームなので初戦から不戦勝が出る。果たしてこのトーナメント戦は全部で何試合になるのだろうか。もしも、チーム数が偶数ならば話はまだ簡単な気がする。

たとえば8チームなら、1回戦は4試合、2回戦が2試合、決勝戦が1試合で、つまり7試合である。

では、奇数ではどうなるのだろうか。不戦勝したチームが次のチームと戦って…… と考えていくと、なんだかややこしい気がする。すぐに試合数がわかる方法はないのだろうか。

じつは、簡単に試合数がわかる方法がある。出場チーム数から単純に「1」を引けばいいのだ。これはチーム数が奇数でも偶数でも同じことである。

発想の転換をしてみよう。

優勝するのは1チームだけだ。このチームは1回も負けない。そして、ほかのチームは1回負ければ消えていく。

つまり、優勝する1チーム以外が負けた数だけ試合が行われると考えればいいのだ。たとえば10チームなら10－1で9試合、158チームなら158－1で157試合ということになる。

同じように考えれば、21チームだと21－1で20試合ということになる。つまり、グランドを使うのは20回というわけだ。

コイントスで3回連続でオモテになる確率は？

サッカーのキックオフのときに見る光景といえばコイントスだ。1回のコイントスでオモテが出るかウラが出るか、その確率は半々、つまり50％であるということはだれにでもわかることだ。

では、質問のしかたを少し変えてみよう。3回連続でオモテが出る確率はどれくらいあるだろうか。

1枚のコインを投げるときは、当たり前だがオモテかウラかの2通りの結果しかない。だから、3回コインを投げるときの場合の数は2×2×2の計算で導き出せる。答えは8通りだ。

実際にどんな組み合わせがあるかを考えてみよう。

（オモテ・オモテ・オモテ）（オモテ・オモテ・ウラ）（オモテ・ウラ・オモテ）（オモテ・ウラ・ウラ）（ウラ・オモテ・オモテ）（ウラ・オモテ・ウラ）（ウラ・ウラ・オモテ）（ウラ・ウラ・ウラ）

その中で、3回すべて表になるのは（オモテ、オモテ、オモテ）の1通りなので、答えは8分の1ということになる。

では、これを計算で出すにはどうすればいいか。

1回目のコイントスでオモテが出る確率は2分の1である。2回目でもオモテが出る確率は、やはり2分の1である。3回目も同じだ。

だから、3回ともオモテになる確率は、（$\frac{1}{2}\times\frac{1}{2}\times\frac{1}{2}$）の計算で導き出せることになり、8分の1ということになるのだ。

ロシアンルーレット、何番目に引けば生き残れる確率は高くなる?

マフィア映画などでロシアンルーレットと呼ばれる危険なゲームを見たことがあるだろう。拳銃の弾倉に1発だけ弾丸を込めて、参加者が順に自分のこめかみに向けて引き金を引いていくのがルールだ。

先に引くか後に引くか、コイントスなどで決めるシーンもあるが、気になるのは順番によって生存率に影響があるのかということだ。先に引いたほうが空洞の弾倉が多いので有利だ、いや最後に引いたほうがそれまでにだれかが当たりを引く可能性が高いから有利だなどといろいろな〝見解〟があるが、どちらも説得力があるように感じる。しかし、じつは何番目に引いても確率は変わらないのだ。

ロシアンルーレットの生存確認を考えるときには、弾が当たる確率だけでなく、引き金を引く確率も考慮しなければならない。

たとえば、弾倉が6つあるリボルバー式の拳銃の場合、その中の1発が当たりなので、1番目に弾丸が発射されるのは6分の1の確率になる。

一方で、最初の人は必ず引き金を引く必要があるので6分の6、つまり1だ。条件が複数ある確率の場合は積算で計算するので、6分の1×1＝6分の1となり、〝当たり〟を引いてしまう確率は6分の1になる。

最後に引き金を引く場合、必ず弾が入っているので発射される確率は1だが、引き金を引く確率が6分の1になるので、1×6分の1＝6分の1、つまり最初に引き金を引くのと確率の上では同じになるのだ。

実際には拳銃を使ったロシアンルーレットを行うことは犯罪なのであり得ないが、似たようなゲームはある。同じ確率なら何番目にやっても同じということを覚えておこう。あとは心理的な駆け引きで順番を選べばいいのである。

宝くじは、バラと連番で当選確率が高いのはどっち？

宝くじを買うときに「連番」（続き番号のセット）か、「バラ」（ランダムに選ばれたセット）かで迷う人は多いだろう。

それぞれどんなメリットがあるのだろうか。

まず、「連番」のメリットは1等とその前後賞が狙えることだ。

たとえば1等賞が7億円の場合、前後賞がそれぞれ1・5億円なので、1等と前後賞の合計で10億円になる。宝くじの最高賞金は、この前後賞を合わせた金額なのである。

もちろん当たる可能性は高くない。その代わり、末尾（一の位の数字）には必ず0～9が揃っているので、「最も低い当選額」（ジャンボの場合は300円）は確実に当たる。

一方、「バラ」のほうでは前後賞が当たることはないので、最高賞金は狙えない。しかし「バラ」の10枚は、「連番」と同じようにそれぞれの末尾が必ず「0～9」になっている。だから、「最も金額の低い当選額」が必ず1枚は当たるようになっている。

つまりは「連番」でも「バラ」でも、必ず「最も金額の低い当選額」は当たるのだ。

ところで、1枚あたりいくらの当選金が期待できるのか、期待値（確率的に期待できる値）を計算すると、ある年のサマージャンボの場合、144・49円となる。1枚300円なので、1枚につき約150円は損になるわけだ。

これをもとに考えると、「連番」も「バラ」も期待値は10枚で約1500円となり、同じになる。早い話が、どっちを買ってもほとんど変わらないのだ。

ちなみに、2023年のサマージャンボの場合、1等賞の当選確率は1000万分の1だ。「連番」と「バラ」の差は0・0002%で、ほとんど差はないといっていい。

ちなみに、飛行機事故に遭遇する確率は20万分の1程度といわれる。

「少々」と「ひとつまみ」、その量の違いとは？

「ほんの少しだけ時間をいただけますか」と言われたのでせいぜい数分間だろうと思ったのに、延々30分も話を聞かされたというような経験はないだろうか。

このように、日本語にはあいまいな表現が多いので、人によっては受け止め方が異なって誤解が生じることもある。

しかし、黙って見過ごすことのできる誤解ならいいが、なかには誤解があっては困るものもある。そのひとつが料理である。

たとえば料理番組を見ていると、「塩を少々」とか「砂糖をひとつまみ」という言い方をしている。

この「少々」と「ひとつまみ」、具体的にはどれくらいの量を示しているのだろうか。また「少々」と「ひとつまみ」では、どちらが多いのだろうか。

考えてみればあいまいな表現だが、しかし受け止め方によっては料理の味が大きく変わることもある。きちんとたしかめておきたいものだ。

料理の場合、「少々」と「ひとつまみ」には、きちんとしたルールがある。

まず、「少々」は、最も少ない量をさす。具体的には、小さじ8分の1程度である。計量スプーンがない場合は、親指と人差し指で軽くつまんだくらいの量と覚えておくといい。

また「ひとつまみ」は少々よりもやや多めで、小さじ4分の1くらいをさす。スプーンがなければ、親指と人差し指、さらに中指を加えて3本の指でつまめるほどの量になる。

もちろん、「少々」も「ひとつまみ」も、何度も料理を繰り返すうちに「自分にとってはこれくらいが適量だ」というのがわかってくる。そうなれば、料理の腕もワンランク上がったと考えていいだろう。

開票率0％で「当確」が打てるそのカラクリ

選挙が行われると、やはり結果が気になるものだ。注目の国政選挙の投票日ともなると、テレビ局はどこも開票速報一色になり、他局より少しでも早く当落の情報を流そうと必死である。

ところでこの開票速報を観ていると、まだ「開票率1％」なのに「当選確実」が打たれることがある。ときには「開票率0％」で当確ということもある。なぜこんなに早く当確が出せるのだろうか。

じつは、ここには統計理論上の原則が働いている。その原則とは「偏りが大きい意見ほど調査のサンプル数は少なくてよい。かつ、誤差はより小さい」というものだ。

逆に「拮抗・伯仲・半々の場合は多くのサンプルが必要。かつ、誤差はより大きい」のである。

わかりやすくいえば、最初から大勢の意見が偏っている場合には、少しのサンプルを調べるだけで大勢の意見として決めてもいいが、いろいろな意見が同じくらいの数で競り合っている場合には、多くのサンプルを調べて判断しなければならない、ということだ。

たとえば、AとBの候補者が立った選挙で、事前調査でA：Bの支持者の割合が10：0であれば、開票率0％でもすでに結果が出ている。つまり、Aが当確だ。

ではA：B＝9：1ならどうか。

開票率20％までは、どちらが勝つかはわからない。票が半々の可能性もあるからだが、しかし開票率30％でBが10％得票していればAが当確になる。なぜなら、Bがそれ以上得票する可能性はないからだ。

さらにA：B＝5：5ならどうかというと、開票率50％でも決着はつかない。どちらかが得票率50％かもしれないからだ。

このように、各候補者の支持者の割合に基づいて考えていくと、どの開票率が何％になったときに当確を出してもいいのかがわかる。「早い当確」の裏には、こんな数字のカラクリがあったのだ。

もちろん、実際には出口調査や山分けされた投票用紙を確認するなどしているので、これらの確率の原則だけに従っているわけではない。しかし、確率の考え方が基本にあるのは間違いないのだ。

「CO_2排出量○％削減」って、実際どのくらいの量を減らしている？

家電や自動車、住宅の広告で「従来の製品に比べてCO_2排出量を○○％削減しました」というキャッチコピーを目にすることが多くなった。

このCO_2排出量は、その製品を使用したときに使うエネルギーの消費量がわかれば簡単に計算することができる。

計算式は、「CO_2排出量＝エネルギー消費量×CO_2排出係数」だ。

この式の中のCO_2排出係数というのは、電気なら1kwh（キロワットアワー）、ガスなら1m^3当たりでどれだけの二酸化炭素を排出しているかを示す数値のことで、電気会社やガス会社から基準となる値が発表されている。

ところで、日本政府は2050年までにCO_2の排出量を1990年比で60～80％程度削減することを目標として掲げている。ところが、現状をかんがみると実現はかなりむずかしいといわざるを得ない。

家電製品ひとつをとっても、日本の製品はかなり省エネ技術が進んでおり、さらなる企業努力に期待するのは無理があるからだ。そうなると、CO_2排出量を減らす方策は、できるだけ電化製品や自動車を使うのを抑える生活をするしかないのだろうか。

経済成長との兼ね合いもあり、CO_2排出量削減はどこまでも悩ましい問題なのである。

離婚の慰謝料は、どうやって算出しているのか

性格の不一致、DV（ドメスティック・バイオレンス）、浮気、ギャンブル癖など、さまざまな原因で夫婦は離婚を考える。そして、いざ別れようとなったときに問題になるのが慰謝料だ。

一般的な会社員の場合、夫から妻にわたる慰謝料の相場は100万円～300万円前後といわれている。

しかし、日本では協議離婚が9割近くを占めるため、統計に表れないケースがかなり多い。相場よりも高額な慰謝料が支払われているケースもあれば、慰謝料なしという例も少なくない。

さらに、離婚の慰謝料は離婚の原因や責任の割合、双方の経済力など細かい要素から算出されるため、相場どおりに支払わなければならないわけでもないし、必ず相場どおりの額がもらえるとも限らない。

ところで、離婚の慰謝料というのは「離婚原因慰謝料」と「離婚自体慰謝料」の2つを合算したものだ。

まず離婚原因慰謝料は、浮気やDVなどの離婚の原因となったことから受けた苦痛に対して支払われる。浮気なら200万～300万程度で、DVや精神的虐待は頻度や程度によって異なるが、50万～300万程度になる。

一方、離婚自体慰謝料とは離婚そのものから受ける苦痛に対して支払われるもので、[基本慰謝料（120万）＋年収の3％×実質婚姻年数]×有責度×調整係数（離婚後の妻の生活を考慮したもの）という算出方法がある。

ここでポイントになるのは有責度だ。

もしも、お互いに同じくらい責任があると判断されると有責度はゼロになり、離婚自体慰謝料が0円になってしまうのである。

つまり、年収が高い男性が浮気して、社会経験の少ない専業主婦の妻と離婚するとなると慰謝料はかなり高額になるが、妻のほうも浮気していたとなると慰謝料はゼロになる可能性もあるのだ。

もし離婚が避けられないのなら、慰謝料をめぐって支払う側、払わせる側、双方とも賢く立ち回る必要があるだろう。

同じ1畳のサイズでも、地域によって畳の大きさはここまで違う

アパートやマンションの部屋を借りるときには、ほとんどの人が不動産業者に部屋の中を見せてもらうはずだ。

そのとき、「6畳間にしてはちょっと狭いな」とか「これで6畳間？　ずいぶん広い気がする」などと感じたことがある人は多いのではないだろうか。

関東と関西で引っ越しをしたことがある人なら、とくにそう感じるはずである。なぜなら、関東と関西とでは畳の大きさが異なるからだ。

関西の畳は「京間」といい、タテ6尺3寸（約1・91m）、ヨコはその半分となる。関西、中国・四国、さらに九州などではこのサイズがほとんどである。

一方、関東の畳は「江戸間」（関東間ともいう）と呼ばれ、タテ5尺8寸（約1・76m）、ヨコはその半分となる。静岡よりも東ではこのサイズが一般的だ。

同じ日本でありながら、畳の大きさになぜそんな違いができたのだろうか。

畳のサイズは昔から「1間×半間」と決まっている。ただし、基準となる1間の大きさが関東と関西とでは異なるのだ。

関東では1間の長さが6尺（約1・82m）で、これに対して関西では6尺5寸（約1・97m）だった。これを基準にして畳が作られているので、関東と関西とでは畳の大きさが異なるのである。

そして、その畳を基準にして部屋の大きさが決められるので、関東と関西とでは同じ6畳間でも大きさに差が出るというわけだ。

京間や関東間のほかにも、名古屋を中心とした「中京間」、佐賀だけの独特の大きさである「佐賀間」、広島だけの「安芸間」、そして団地サイズの「団地間」などいろいろある。

「6畳なら、だいたいあれくらいだろう」と勝手に想像していると、実際の大きさはかなり異なってくるので要注意である。

サッカーのＰＫ戦の成功率を確率で考える

サッカーの試合では延長戦でも決着がつかず、最終的にＰＫ（ペナルティーキック）で勝敗を決めるケースがある。左右のゴールポストの中央からわずか11ｍしか離れていないペナルティマークにボールを置き、キッカーとゴールキーパーが1対1で勝負する。

その成功率、つまりゴールが決まる確率は、世界のトップレベルの選手が出場する試合では約80％だという。ＰＫでは圧倒的にキッカーが有利なのである。

ところが、この成功率はあくまで確率であって、ここぞというシーンでゴールネットを揺らすことができなかった一流選手たちの話は枚挙にいとまがない。だからこそ、スポーツはおもしろいともいえるのだろう。

また、キーパーを挟んで、ゴールの右左どちらの側を狙ったほうが成功する確率が高いのかなども気になるところだ。

その分析にはさまざまなものがあるが、ワールドカップなど大きな試合のＰＫ戦を分析したところによると、キーパーの９割以上はゴール中央ではなくやや右か左に立っていて、キッカーはその空いたほうに蹴ることが多かったそうだ。

その一方で、右と左のどちらに蹴った場合でも成功率はやはり80％程度だったというデータもある。

一流同士のぶつかり合いとなると、８割が限界値なのかもしれない。

●参考文献

『秘伝の算数 応用編（5・6年生用）』（後藤卓也／東京出版）、『数学のおさらい 図形』（土井里香／自由国民社）、『わすれた算数・数学の勉強』（南澤巳代治／パワー社）、『数学者たちはなにを考えてきたか』（仙田章雄／ベレ出版）、『図解入門 ビジネス最新リーダーの仕事と役割がよーくわかる本』（平尾隆行／秀和システム）、『図解入門 ビジネス最新マーケティング・リサーチがよーくわかる本』（岸川茂／秀和システム）、『単位と比 わけのわかる算数のはなし』（芹沢正三／さえら書房）、『お母さんの算数ノート 子どもの算数がわかりますか』（加藤明／文溪堂）、『算数と数学素朴な疑問 なぜそうなるの？ なぜこう解くの？』（江藤邦彦／日本実業出版社）、『「はかる」世界 「魂のはかり」から「電気のはかり」まで』（松本栄寿／玉川大学出版部）、『面白いほどよくわかる小学校の算数』（小宮山博仁／日本文芸社）、『子どもにウケるたのしい雑学』（坪内忠太／新講社）、『図解でよくわかるすばやい計算力が身につく法』（山下勝也／明日香出版社）、『誰かにしゃべりたくなる数字のネタ』（のり・たまみ／あさ出版）、『数字のウソを見破る』（中原英臣・佐川峻／PHP研究所）、『数字のホント？ウソ！』（加藤良平／KKベストセラーズ）、『世の中のことがわかる数学の雑学』（柳谷晃／中経出版）、『秋山仁のこんなところにも数字が！』（秋山仁・松永清子／産経新聞出版）、『大人のための暗算力』（鍵本聡／宝島社）、『数の魔法使い 暮らしの中の〝数学〟マジック』（ロブ・イースタウェイ・ジェレミー・ウインダム著、軽部征夫訳／三笠書房）、『世界一やさしい問題解決の授業』（渡辺健介／ダイヤモンド社）、『レジ待ちの行列、進むのが早いのはどち

らか　するどく見抜き、ストレスがなくなる心理術』（内藤誼人／幻冬舎）、『偶然の確率』（アミール・Ｄ・アクゼル著、高橋早苗訳／アーティストハウスパブリッシャーズ）、『カリスマ先生の数学・確率　７日間で基礎から学びなおす』（麻生雅久／ＰＨＰ研究所）、『なぜ人は宝くじを買うのだろう　確率にひそむロマン』（岸野正剛／化学同人）、『新体系・高校数学の教科書　上』（芳沢光雄／講談社）、『現場で使える計算術』（鍵本聡／阪急コミュニケーションズ）、『ビジネスマン必携！デキる人の数式』（中島孝志／廣済堂出版）、『この価格にだまされるな！　身近な理不尽を斬る』（日経ビジネス編／日経ＢＰ）、『知ってるようで知らないものの数えかた』（小松睦子／幻冬舎）、『お金を貯める１００のコツ　「貯める力」をつければ一生お金に困らない！』（中村芳子／主婦の友社）、『数字のウソを見抜く』（野口哲典／ソフトバンククリエイティブ）、『計算力を強くする』（鍵本聡／講談社）、『即断力が身につく数学おもしろセンス』（関根章道／技術評論社）、『計算力を強くする part2』（鍵本聡／講談社）、『快感！算数力ハイパー！』（牛瀧文宏／講談社）、『図解雑学　数の不思議』（今野紀雄／ナツメ社）、『おもしろくてためになる単位と記号雑学事典』（白鳥敬／日本実業出版社）、『秘伝！中学生のためのスラスラ計算術』（鍵本聡／草思社）、『日経を読む人のための税金入門』（小林真一／日本経済新聞出版社）、『通貨と経済』（野村茂治／ナツメ社）、『日本の税金』（三木義一／岩波新書）、『図解とＱ＆Ａで税金のしくみがいちばんやさしくわかる本』（山田朝一／経林書房）、『おもしろくてためになる　数の雑学事典』（片野善一郎／日本実業出版社）、『本当は嘘つきな統計数字』（門倉貴史／幻冬舎）、『身近なアレを数学で説明してみる』（佐々木淳／Ｓ

Bクリエイティブ）、『からだのなかのびっくり数事典』（奈良信雄監修／ポプラ社）、『プレジデント Family ２００９年8月号 別冊 日本一やさしい算数の授業』（プレジデント社）、『Newton 別冊 自然にひそむ数のミステリー』（ニュートンプレス）、朝日新聞、読売新聞、毎日新聞、夕刊フジ、ほか

○参考ホームページ

総務省、国税庁、経済産業省、内閣府、資源エネルギー庁、財務省、中小企業庁、経済財政諮問会議、厚生労働省、気象庁、国土交通省、オールアバウト、統計局、nikkei BPnet、大鵬薬品工業株式会社、日本経済新聞、Biz MARE、週刊東洋経済、朝日新聞、Reライフ・Net、航空局安全部、Keisan、計量標準総合センター、ペンギン、宝くじ公式サイト、セゾンのくらし大研究、ファイグー、YEAH MATH！、TOKYO DOME CITY、ニッセイ基礎研究所、ツギノジダイ、ほか

本書は、『数字に強くなる虎の巻』（青春出版社／２０１４年）『面白いほどわかる算数と理科　大人の1週間レッスン』（同／２０１１年）、『「数字の話」が面白いほどわかる！』（同／２０１０年）、『大人の「数字力」が面白いほど身につく！』（同／２００８年）に新たな情報を加え、改題・再編集したものです。

青春文庫

数字に強い人のすごい考え方

2023年11月20日　第1刷

編　者　話題の達人倶楽部

発行者　小澤源太郎

責任編集　株式会社プライム涌光

発行所　株式会社青春出版社

〒162-0056　東京都新宿区若松町 12-1
電話 03-3203-2850（編集部）
03-3207-1916（営業部）
振替番号　00190-7-98602

印刷／中央精版印刷
製本／フォーネット社

ISBN 978-4-413-29839-1

ほんとうのあなたに出逢う　◆　青春文庫

1秒で覚える　カタカナ語のスゴいあんちょこ

こう読めば、絶対に忘れない！
ことばのマウンティングに負けない
語彙力を身につける本。

知的生活追跡班［編］

(SE-835)

言われてみれば　手強(てごわ)い漢字2500

漢字がわかると、語彙力が上がる。
自分を表現できるから、
人と話すのが楽しくなる！

話題の達人倶楽部［編］

(SE-836)

歩けば、調(ととの)う

人生を豊かにする「脳と身体の休め方」

精神科医で禅僧の著者が教える、
不安やイライラを手放して
大切な今に集中するヒント。

川野泰周

(SE-837)

読みはじめたらとまらない　平安400年の舞台裏

めくるめく平安世界は、人間ドラマの宝庫だった！　『源氏物語』誕生の秘密ほか、
とことん楽しむ歴史エンターテインメント。

日本史深掘り講座［編］

(SE-838)